LE BÉTAIL EN ÉCOSSE.

RACE BOVINE.

RACE BOVINE

PRATIQUES D'ÉLEVAGE ET D'ENGRAISSEMENT DES FERMIERS ANGLAIS,

PAR

LOUIS DE FONTENAY

(de Bellesme)

ANCIEN ÉLÈVE DE L'ÉCOLE IMPÉRIALE D'AGRICULTURE DE GRAND-JOUAN.

PARIS,

IMPRIMERIE ET LIBRAIRIE D'AGRICULTURE ET D'HORTICULTURE

DE Mme Ve BOUCHARD-HUZARD,

RUE DE L'ÉPERON, 5.

1862

TABLE DES MATIERES.

CHAPITRE IV.

DES BOEUFS (SUITE).

CHAPITRE V.

CHAPITRE VI.

ANIMAUX REPRODUCTEURS.

CHAPITRE VII.

DU TAUREAU.

CHAPITRE VIII.

CHAPITRE IX.

CHAPITRE X.

MALADIES.

CHAPITRE XI.

INTRODUCTION.

DÉTAILS PRÉLIMINAIRES INDISPENSABLES.

Lorsque j'eus achevé de rédiger les notes et renseignements que j'avais pris en Écosse, je songeai qu'ils seraient peut-être de quelque intérêt pour d'autres pour moi, et c'est alors que je me suis décidé à les publier. Si je n'avais eu que des considérations zootechniques à émettre, je m'en serais abstenu; on est trop exposé à répéter des choses qui ont été dites vingt fois avant vous.

Tout le monde écrit, personne ne lit, a-t-on dit avec juste raison.

Mais le travail que j'ai à présenter au public n'est que le récit de ce que j'ai vu ou entendu; rien n'a été emprunté volontairement à un autre ouvrage; ce n'est qu'une réunion de faits, une sorte de compte rendu.

Or, pour formuler des principes agricoles et s'en aider

dans la pratique, ce sont les faits souvent qui manquent, et, lors même qu'on les répète, ils sont encore utiles en ce sens qu'ils viennent donner plus de force à ce qui a été dit précédemment.

Tous les chiffres qui ne seront pas indiqués comme ayant été donnés par une autre personne ont été pris par moi, la balance ou le décamètre à la main.

Grâce aux bonnes recommandations que m'ont données M. Mac-Combie et M. Tisserant, inspecteur des domaines impériaux, presque tous les renseignements que je publie ont été pris chez les fermiers les plus capables et les plus renommés, mais je m'abstiendrai de citer leurs noms, afin d'être plus libre dans mon récit; je ferai exception pour M. Mac-Combie, qui m'y a autorisé; du reste, il me serait difficile de l'éviter, car c'est chez lui que j'ai pris la plupart de mes renseignements.

Parti de France en avril 1858 sans savoir un mot d'anglais, je parvins à Aberdeen, grâce à d'excellentes adresses, et de là à Tillyfour, résidence de M. Mac-Combie, célèbre déjà par les premiers prix qu'il a remportés à Paris et à Poissy, en exposant ces magnifiques types d'animaux noirs sans cornes dits d'Angus.

M. Mac-Combie est célibataire; il consacre tout son temps à ses bœufs et à quelques vaches de concours qu'il appelle sa race.

Je lui ai vu à la fois 400 têtes de gros bétail divisées sur trois fermes; il habite l'une d'elles et fait valoir les autres par domestiques. Il les visite tous les jours et achète lui-même ses bœufs, mais il les trouve réunis par bandes de 10 ou de 20, ce qui simplifie beaucoup son travail; il les revend à Londres par l'entremise d'un commissionnaire.

Le pays est humide; il y fait beaucoup de vent. Quant à la température, je ne puis préciser, l'hiver de 1858 à 1859 ayant été, en Écosse et en France, complétement nul. Cependant je crois que le thermomètre s'y abaisse moins qu'en Normandie. Je me trouvais au milieu des montagnes; le pays, dans cette direction, n'est qu'une suite de collines et de vallées. Les vallées et les versants sont cultivés, les montagnes sont, en partie, couvertes de pins d'Écosse : le sommet en est aride et ne présente, à sa surface, qu'une petite bruyère incapable souvent de produire la moindre pâture pour les moutons. Le sol est granitique et schisteux; en quelques endroits on trouve des terrains entièrement analogues à ceux de la Bretagne.

La culture des terres est facile par tous les temps; on emploie la chaux avec succès.

Le froment n'y mûrit pas : il faut, pour le trouver, se rapprocher des bords de la mer; le long des côtes, on le cultive presque jusqu'à Inverness. L'avoine blanche de printemps est la seule récolte : j'en ai vu encore sur pied le 4 novembre.

L'assolement le plus ordinaire dans le pays est de six ans : 1° turneps, qui absorbent tout le fumier et encore des engrais artificiels; 2° orge; 3°, 4°, 5° prairies que l'on fait paître; 6° avoine sur un seul labour. Un grand avantage dans ce pays, c'est que les terres sont groupées autour des fermes.

Il y a fort peu d'herbages naturels.

Il est extrêmement rare que, dans cette région, on laisse, tout l'hiver, les bœufs dans les pâturages ; on ne le fait guère en Écosse que pour ceux du Galloway et les West-Highlands.

Au bout de quelques jours, M. Mac-Combie me conduisit à 2 kilomètres dans une de ses fermes, me montra ma chambre et m'y laissa en me donnant la plus grande liberté.

LA RACE BOVINE

EN ÉCOSSE.

CHAPITRE PREMIER.

Des veaux.

De l'élevage dans le comté d'Aberdeen, dans l'Ayrshire et dans le Cambridgeshire. — Veaux de concours et veaux de commerce.

Si vous voulez avoir de bon bétail, nourrissez-le bien. En Angleterre comme en France on ne fait de bons animaux avec rien, seulement je crois que pour faire de bonnes bêtes de commerce on peut arriver plus ou moins économiquement au même résultat. Je me permettrai une comparaison : prenez un enfant d'une classe riche, et celui d'un bon fermier, qui aient été tous les deux élevés à la campagne. Sous le rapport matériel ils se vaudront au moins, et cependant, si l'on faisait un compte exact, au bout de quelques années l'on verrait que la nourriture de l'enfant riche revient à trois ou quatre fois autant que celle du fils du fermier. C'est dans cette oscillation entre le nécessaire et le superflu que l'éleveur doit se maintenir, et le plus habile sera, sans aucun doute, celui qui aura le moins dépensé pour arriver au même but. Ce qui doit, en outre, engager à ne faire entrer dans les rations des jeunes animaux que juste le nécessaire en aliments très-nutritifs, c'est que tel animal qui aura reçu, dès son jeune âge, dans une forte proportion, des aliments extrêmement riches ne pourra être poussé à un engraissement prononcé qu'en rendant son alimentation encore plus substantielle ; et telle ration qui ne servira qu'à l'entretenir engraisserait une autre bête élevée et habituée à une nourriture moins riche.

En Angleterre et en Écosse les trois modes d'élevage usités sont

1° L'allaitement naturel jusqu'à six mois,
2° L'allaitement complet au baquet,
3° L'allaitement mixte.

ALLAITEMENT NATUREL.

L'allaitement naturel est le plus employé dans le nord de l'Écosse. Tout animal de prix a sa mère complétement à sa disposition ; à elle, on ne lui demande que d'élever son veau. On emploie encore ce mode d'élevage pour de simples bœufs de boucherie ; mais les fermiers qui agissent ainsi élèvent et engraissent eux-mêmes leurs animaux. Sitôt que le veau est né, on le met dans une boxe avec sa mère, pour deux ou trois jours et on lui passe une muselière, qu'on lui ôte momentanément trois fois par jour lorsqu'il doit teter. Cette précaution, qui est usitée dans tout le pays, est considérée comme de première nécessité, et, si j'ai vu en Écosse aussi peu de veaux atteints de diarrhée, c'est en partie à l'emploi de cette muselière que je l'attribue. Elle est très-utile pour les veaux élevés au baquet, ils ne peuvent avaler ni brins de paille, ni toute autre matière qui, n'étant pas digérée, occasionne souvent des dérangements d'estomac. La muselière est encore importante pour les veaux qui tettent ; la mère est moins tourmentée tout en ayant son veau avec elle, car en Écosse on les laisse librement errer dans l'étable.

J'ai vu assez fréquemment donner un second veau à une

vache fraîche vêlée ; il suffit de faire voir à la mère les animaux, pour qu'aussitôt elle les adopte. Si l'un boit trop,
on les attache; j'ai vu ce mode d'élevage réussir presque
constamment ; une bonne laitière élève très-bien deux veaux
jusqu'à six semaines, à cet âge on les fait boire au baquet,
et le plus souvent l'on ne tarde pas à supprimer le lait pur.

Dans les vacheries de purs durhams, on enlève fréquemment le veau à sa mère, pour le donner à une vache croi-
sée, meilleure laitière. On agit ainsi surtout pour les animaux de concours. Quelquefois encore on donne une seconde
vache au veau, car tous les éleveurs s'accordent à dire que
rien pour un animal d'avenir ne remplace le lait. On
pourrait donner un supplément sans donner une seconde
mère, c'est vrai ; mais cette grande quantité de lait, qui n'est
pas absorbée à la même température, expose davantage le
veau à la diarrhée. Si on donnait le tout au baquet, on aurait le même écueil à redouter. De plus, l'animal prendrait
plus de ventre que s'il est libre de teter à peu près quand il
veut, et on en redoute beaucoup le développement dans les
animaux destinés à la reproduction.

J'ai été à même de suivre ce qui se faisait dans les étables
d'Angus les plus renommées. J'ai toujours vu que la vache
suffisait à élever son veau ; mais je suis tout disposé à croire
que le lait des vaches d'Angus est plus riche et meilleur que
celui des vaches durhams. Quoique habitant la Normandie,
je ne me souviens pas d'avoir bu du lait pouvant lui être
comparé ; celui des petites vaches bretonnes, seul, peut en
donner une idée.

Vers l'âge d'un mois à six semaines, lorsqu'on ôte aux
veaux leur muselière, on met à leur disposition du tourteau
de lin, à l'état sec, grossièrement pulvérisé avec un marteau.
Comme ils sont libres dans les étables, ils vont en manger
quand bon leur semble ; mais ceci se fait seulement pour les

animaux de prix ou qui naissent en hiver ; car, pour ceux qui viennent au printemps et auxquels on sacrifie leur mère, on ne leur donne rien avant la mise à l'herbe, qui a lieu vers le 15 mai. Si par hasard les veaux naissent de très-bonne heure, on essaye de leur faire manger quelques tranches de turneps, on leur donne un peu de foin et de l'avoine écrasée ; mais c'est rare, car en Écosse on s'efforce de faire naître en mars et en avril : plus tôt, le temps est trop rude, et, quoique les mères soient bien nourries, les veaux viennent moins bien ; plus tard, ils ne sont pas dans d'aussi bonnes conditions pour profiter de l'herbe. En Angleterre, surtout pour la race de Durham, on cherche à avoir des veaux le plus qu'on peut, sans s'inquiéter, le moins du monde, des saisons. Lorsque le veau a un mois, et même avant, si la végétation de l'herbe est assez avancée, il suit sa mère à la pâture ; dans les commencements on les rentre la nuit, surtout lorsqu'elle s'annonce froide et humide ; mais, s'il vient une suite de beaux jours, l'on ne tarde pas à les laisser dehors, et alors il faut de mauvaises nuits tout à fait exceptionnelles pour que l'on recommence à les rentrer.

J'ai été étonné, en arrivant en Écosse, de voir aussi peu de vaches et un si grand nombre de veaux. Cela tient à ce qu'on les élève tous ; il est extrêmement rare qu'un boucher tue un veau : d'abord ils sont chers, puis les Écossais font peu de cas de cette viande. Un veau, dans le pays, se vend communément, à huit jours, 50 fr. ; vers six ou huit mois, de 100 à 125 fr. Dans les environs d'Ayr, ils sont à très-bas prix. Je tiens du fermier même de Meyer-Mell, le successeur de M. Kennedy, que le prix moyen d'un veau du poids de 25 à 35 kil. est de 12 fr. 50 c. à 18 fr. entre huit et quinze jours, et celui de vaches de 200 à 250 fr. Ce bon marché des veaux tient à deux causes : 1° dans ce comté, les produits de la laiterie, beurre et fromage, sont la principale spéculation ; dans le comté d'Aberdeen, au contraire, ils ne sont que très-accessoires ; on cherche à fournir le ménage, et le reste est pour les veaux. 2° Les bêtes d'Ayr sont relativement inférieures comme bêtes d'engrais et sont destinées à atteindre un poids beaucoup moins considérable que celles du nord de l'Écosse.

ALLAITEMENT AU BAQUET.

L'élevage exclusif au baquet est, sans contredit, le plus répandu, surtout dans le sud de l'Écosse. On enlève les veaux à leur mère dès qu'ils sont nés, on les essuie, puis généralement on les laisse libres dans un local chaud. Les premiers jours on leur donne le lait pur, seulement on ne dépasse jamais la dose de 8 litres ; moins d'une semaine après leur naissance, on régularise leurs repas et on ne leur en fait pas faire plus de trois. Vers un mois, on ajoute 0,200 gr. de tourteau de lin ; quelques fermiers le font cuire, d'autres préfèrent jeter dessus de l'eau bouillante ; on couvre et on laisse tremper d'un repas pour l'autre. On le délaye alors parfaitement dans le lait. Quelques fermiers donnent aussi, vers cette époque, de l'avoine aplatie, sèche ; c'est ce qu'on estime le plus pour les veaux après le tourteau ; mais on proscrit généralement la farine d'avoine.

Vers six semaines, dans le comté d'Ayr et dans le sud de l'Angleterre, on écrème le lait donné aux veaux, même pour de purs durhams. On le fait bouillir : tous les fermiers agissant ainsi ont fortement insisté sur cette précaution ; puis on mélange le tourteau, soit cuit, ou seulement ramolli ; quelques éleveurs emploient la farine de lin. J'ai vu des veaux âgés de moins d'un mois s'arranger très-bien de la bouillie suivante : on avait réduit le tourteau en farine, puis peu à peu on l'avait mélangé au lait écrémé bouillant, en agitant vigoureusement pour éviter toute espèce de grumeaux.

Progressivement, on supprime le lait, si bien que vers quatre mois les veaux n'en reçoivent plus du tout; quelques-uns même, dès trois mois.

Un des exemples d'élevage, les plus simples que j'aie vus, c'est près de Maybole-Ayrshire. On avait réuni quarante veaux ayrs-durhams, sous un grand hangar enclos; ils étaient dix par compartiment, une vache en avait allaité deux jusqu'à six semaines; alors on avait remplacé le lait pur par du lait écrémé, bouilli, mêlé à de la farine de lin. A trois mois, on cessa le lait, puis le tourteau, et les veaux furent nourris au vert avec du ray-grass d'Italie.

Au commencement de l'élevage on n'emploie guère que 0,200 gr. de tourteau par veau, soit sec, soit en bouillie. A la fin, on dépasse peu 0,500 gr. Si l'on donne de l'avoine, on s'arrête à 0,600 gr. Tout, du reste, dépend de la nourriture que l'on peut donner comme complément. Sous aucun prétexte, en Écosse, on n'ajoute d'eau à la buvée des veaux; lorsqu'on supprime le lait, le tourteau est donné seul, sec ou mélangé à de l'avoine; enfin l'on retranche progressivement, cette précaution est importante. Lorsqu'on a de bonnes pâtures pour les veaux, il est rare que vers quatre mois elles ne leur suffisent pas complétement.

Lorsque les veaux sont à l'herbage, on doit leur donner ce qu'il y a de meilleur. Les prairies artificielles d'un an, tendres et élevées, sont excellentes. Si on donnait de ces pâtures à herbe molle, sans élasticité aux veaux élevés déjà parcimonieusement, on s'exposerait à leur donner de ces ventres énormes, mal attachés, mal suspendus, auxquels il est facile de reconnaître qu'un animal a été nourri avec des substances trop peu nutritives. Cette conformation paraît enlever au sujet de sa force assimilatrice, et, favorisant le développement du flanc, elle le dispose à prendre les caractères d'un animal se nourrissant mal. Il me semble donc que c'est une faute de laisser des veaux de cinq à six mois se nourrir exclusivement, comme on le fait fréquemment en France, dans des regains à herbe molle et sans saveur, sous prétexte que c'est plus tendre. On se trouverait, sans doute, fort bien de ne pas nourrir ainsi complétement ces jeunes animaux.

Lorsqu'on doit castrer un veau, on le fait pendant qu'il est encore au lait pur, soit entre quinze jours et trois semaines. On castre par ablation. Un avantage de l'élevage complet au baquet, cité par quelques fermiers, c'est que, disent-ils, on peut réunir les veaux dans le même local et les laisser libres, ils ne se tettent pas; c'est un fait que je ne voudrais cependant pas affirmer.

ALLAITEMENT MIXTE.

L'allaitement mixte consiste à laisser le veau sous la mère pendant quatre ou cinq jours, quelquefois neuf jours, mais c'est plus rare. Le but qu'on se propose est d'activer la lactation. J'ai vu employer cette méthode dans le sud de l'Angleterre; mais, du reste, elle est très-usitée en France; seulement, le plus souvent, nous prolongeons jusqu'à trois semaines ou un mois. J'ai été dans une exploitation renommée d'Angleterre, où l'on ne possédait que des durhams, et ce système était le seul en vigueur; l'on faisait exception seulement pour les veaux mâles les plus précieux. Si, dans cette ferme, on élevait au baquet, ce n'était pas pour économiser le lait, car celui trait de chaque vache était scrupuleusement donné à son veau pendant quatre ou cinq mois et plus; mais on avait pour unique but de gagner du temps et d'obtenir le plus de veaux possible, sans s'inquiéter des saisons. On donnait le taureau à la vache dès les premiers signes de chaleur, qui se présentent beaucoup plus tôt chez une bête qui n'allaite pas. On m'a donné la même raison dans beaucoup d'autres fermes; l'on assure que l'on gagne ainsi près de deux mois. C'est en suivant ce système qu'un éleveur anglais, dans qui je dois avoir la plus entière confiance, a obtenu d'une vache pure durham, âgée de moins de treize ans, qu'il me montra, treize veaux, sans part double. C'était en réponse aux questions que je lui adressais sur l'infécondité des durhams. Malheureusement, toute son étable ne lui donnait pas les mêmes résultats; cependant, grâce à cette méthode et à l'état presque de maigreur où il maintenait ses animaux, il arrivait annuellement, en comptant les parts doubles, à un veau et une fraction, en moyenne, par vache durham.

Les cas de diarrhée sont traités par la diète, les purgations et les lavements, le changement de nourriture de la mère, etc. Un remède simple, bien connu en France, qui réussit parfaitement, est l'emploi des œufs frais : on en fait avaler d'abord un, puis, le soir ou le lendemain matin, deux; il est rare que la maladie résiste.

En résumant ces différents élevages, il suffit de dire que, pour tous les animaux auxquels on attache un grand prix, l'allaitement naturel, secondé de tourteau sec, ou d'avoine aplatie, doit seul être employé jusqu'à cinq ou six mois; si une vache ne suffit pas, on en donne une seconde. Dans l'élevage des veaux de commerce, après un mois ou six semaines, le lait pur doit être restreint ou supprimé, et remplacé par du lait écrémé, bouilli, mélangé à des tourteaux ou à de la farine de lin; puis quelquefois l'on donne séparément de l'avoine aplatie, de l'orge, ou des fèves réduites en farine, mais c'est plus rare. Le principe est de maintenir les veaux dans un état satisfaisant, en ne perdant pas de vue que la livre de graisse coûte bien cher.

J'ai cherché à me rendre compte, par moi-même, avec le plus grand soin et en recueillant les opinions des éleveurs les plus distingués, des prévisions que l'on pouvait établir sur l'avenir d'un veau ayant telle ou telle conformation à sa naissance. Les plus expérimentés et les plus instruits m'ont dit qu'à moins de défauts de conformation palpables on ne pouvait juger de l'avenir d'un animal avant qu'il ait six mois ; encore ceci s'appliquait-il aux génisses. Voici une note que j'ai écrite chez un grand éleveur anglais :

« J'ai cherché à savoir les points qui, dans un jeune animal, étaient susceptibles d'amélioration à mesure qu'il croît, et les parties qui, bonnes au jeune âge, peuvent devenir faibles ou mauvaises ; je n'ai pu obtenir autre chose que ceci :

« Un animal paraissant bon à huit jours restera tel, et un animal paraissant défectueux ne pourra pas devenir très-bon. »

Le même éleveur me dit « qu'un taureau durham n'a atteint toute sa perfection de forme qu'à trois ans et demi. »

Il faut bien que ce ne soit pas facile de formuler ces transformations, ni de les prévoir, car M. X., qui passe pour un très-grand connaisseur et qui est constamment primé au concours, après m'avoir dit qu'à six mois seulement on pouvait savoir quel serait l'avenir d'un animal, a vendu à cet âge un veau qui a remporté le prix des taureaux de deux ans, à l'exposition d'Aberdeen. C'était à un de ses rivaux, et, lorsque je l'en plaisantais, il me répondit : « Y cant help it' when I have sold it was a very medeline beast. » Je n'y puis rien ; lorsque je l'ai vendu, c'était une bête très-médiocre.

Je serais donc porté à croire que, lorsqu'un éleveur connaît ces transformations de façon à pouvoir les formuler, il en fait un secret, ou bien il sait seulement par l'œil. De toute manière, c'est, je crois, bien rare ; on voit le progrès, mais on ne se rappelle que confusément ce qu'était la bête dans le principe, surtout lorsqu'on la voit tous les jours; il faudrait noter, et ces différences sont souvent insaisissables; . de plus, les mêmes particularités ne se reproduisent que bien rarement. Tous les éleveurs, consultés, se sont cependant accordés à me dire qu'une poitrine laissant à désirer pouvait se refaire; que ce cas était même fréquent, mais c'est tout ce que j'ai pu en obtenir. Il m'a semblé remarquer, sur plusieurs sujets, que des parties très-fortes et paraissant très-belles dans le premier âge ne prenaient pas ensuite le développement proportionnel qu'on était en droit d'attendre. C'est surtout pour la croupe que j'ai observé ce fait à différentes reprises. Ce qui peut donner le plus d'espérances dans l'avenir d'une bête, c'est lorsqu'il y a harmonie dans toutes les parties, ou du moins une disproportion peu sensible en bien ou en mal. Cependant il me semble qu'il est encore plus aisé de prévoir en mal l'avenir d'un animal que de le prévoir en bien. C'est surtout entre la bête d'avenir ordinaire et celle qui deviendra d'élite qu'il est difficile de porter un jugement.

VEAUX DE SIX MOIS.

Les veaux élevés par leurs mères qu'ils ont suivies à la pâture, et c'est le système du nord de l'Écosse et de M. Mac-Combie, se sont sevrés naturellement vers l'âge de cinq ou six mois, et atteignent septembre nourris à l'herbe seule. A la fin de ce mois, on commence à rentrer les vaches et les veaux pendant la nuit. Voici comment ceux de races d'Angus, que M. Mac-Combie élevait dans la prévision du concours, étaient traités : dès le mois d'octobre, on commençait à leur donner, le soir, à leur rentrée, des tourteaux de lin; vers le 10 novembre, on donna des turneps à l'étable, d'abord le soir seulement, puis soir et matin, car, à la fin du mois, l'on ne sort plus les animaux que très-exceptionnellement, et seulement pour faire un peu d'exercice.

(Pour le complément des soins et du service, voir à l'article *Engraissement des bœufs*.)

Lorsque M. Mac-Combie s'aperçoit qu'un de ses veaux de prédilection ne paraît pas venir assez vite, il augmente le tourteau, donne du foin, de la farine d'orge, etc., jusqu'au moment où l'animal commence à prendre la graisse ; alors il diminue, car dans un animal trop gras la croissance se ralentit. La règle d'un bon élevage, que M. Mac-Combie m'a souvent répétée, est de toujours tenir ses veaux dans un état d'accroissement ; s'ils semblent s'arrêter, il faut forcer.

C'est durant les mois d'octobre, novembre et décembre que les veaux m'ont paru grossir le moins vite. On redoute beaucoup de laisser prendre du ventre aux génisses et aux taureaux destinés aux concours ; c'est le contraire pour les bouvillons. J'ai vu préparer des veaux pour les expositions, dans d'autres parties de l'Écosse et en Angleterre. Dans un endroit réputé, et quoique la pâture y fût en usage pour les autres animaux, jamais on ne les y mettait. Ce qui est plus fort, c'est que jamais on ne leur donnait de vert, tant on avait peur de leur donner du ventre. Vers six mois, au moment où l'on allait sevrer les veaux, on leur donnait une bouillie où entraient du tourteau de lin et des farines d'avoine, de fèves et de froment ; le tout était distribué non bluté, d'une consistance moyenne, bien également délayé sans grumeaux. J'ai oublié si l'on faisait cuire cette bouillie au lait, mais je n'en serais pas étonné. En même temps l'on mettait à la disposition de l'animal, à certaines heures de la journée, du tourteau sec ou des farineux, suivant son goût, du foin de trèfle ou de ray-grass. En été, quelques betteraves conservées, coupées, et en hiver quelques navets de Suède ;

l'eau n'était pas donnée à discrétion. On donne la même nourriture aux veaux, mâles et femelles, destinés aux concours. Chez un autre éleveur, en mars, les veaux d'un an à quinze mois recevaient un peu de foin de prairies artificielles, des tourteaux de lin, du tourteau de graine de coton, de la farine de froment (on ne donne jamais le froment en grain, il est dangereux, dit-on), du foin coupé avec très-peu de paille, des betteraves ou des turneps, le tout réuni et mélangé ensemble, mais non fermenté ; on en donnnait à peu près à discrétion. Les animaux ainsi traités étaient de purs durhams.

Je ne l'ai pu savoir exactement, mais il faut estimer à près de 3 litres le mélange de farineux et de tourteaux entrant dans cette ration. Les animaux étaient juste en état, il y avait très-peu de racines dans le mélange. Le même fermier pensait que l'on pouvait, sans inconvénient, supprimer le tourteau lorqu'on avait commencé à en donner, à la condition d'aller progressivement ; il a insisté beaucoup sur cette gradation prolongée. Le bas prix de la farine de froment l'avait seul engagé à l'employer. En été, les animaux étaient nourris, dans leurs cours, avec des fourrages verts.

Un éleveur anglais m'assurait que les farineux portaient plus à la croissance, à la formation des muscles, et le tourteau à l'engraissement. C'est le contraire de ce qu'on pense dans le nord de l'Écosse.

Un autre éleveur du Sud me disait que l'avoine et le foin qu'il donnait étaient destinés à la formation des os ; les fèves et le tourteau, à celle des muscles et du suif.

L'opinion d'un quatrième était que le tourteau porte plus à grossir et à grandir qu'à engraisser.

On voit que ces messieurs ne sont pas tout à fait du même avis ; mais ils s'accordent tous à dire que les mélanges de farine et de tourteau sont ce qu'il y a de préférable.

Au moment où l'on rentre les veaux de commerce, dans le nord de l'Écosse, ils reçoivent des turneps garnis de leurs feuilles, et de la paille d'avoine. Tout le monde est d'accord que, pendant cette première année surtout, pendant l'hiver, il est important de bien nourrir les veaux, mais tous ne sont pas conséquents ; beaucoup de petits fermiers qui ont des bœufs à engraisser, et qui ne se rendent pas bien compte de la quantité de turneps dont ils disposent, ne donnent aux jeunes bêtes que les plus mauvaises racines, et surtout des feuilles, encore pas à discrétion. Aussi les animaux souffrent, pour être souvent dans une trop grande abondance en mars et avril, et sans aucun résultat ; car à ce moment les navets montent, et ont perdu de leur qualité. Les bons fermiers n'agissent pas ainsi ; ce sont les bêtes de deux ans qui sont les moins bien soignées ; mais les bêtes d'un an ont ce qu'il y a de meilleur, comme les bœufs d'engrais. Souvent même, on leur donne un peu de tourteau de lin, et beaucoup de fermiers certifient que les veaux le payent pendant ce premier hiver. On en donne de 0,500 gr. à 0,800 gr. cassé en petits morceaux ; mais on ne commence guère cette distribution avant décembre. C'est, surtout, vers mars et avril, lorsque les turneps perdent de leur qualité, que les jeunes animaux en ont le plus besoin.

Un bon bouvillon de commerce, d'un an, vaut de 140 fr. à 175 fr. au moment de la mise à l'herbe, mais on vend peu à cet âge ; c'est plutôt vers vingt mois que se fait le plus grand trafic.

Au moment où l'on remet les veaux à l'herbe, c'est-à-dire à leur second printemps, il n'est plus nécessaire de leur choisir leur nourriture. S'ils ont été bien amenés jusque-là, ils ne se déformeront pas, tout en n'ayant qu'une pâture, ou une alimentation de médiocre qualité. Ils sont moins difficiles à cet âge, ont l'odorat sans doute moins fin, car dans les pâtures ils mangent souvent les relais faits par des animaux plus vieux. J'ai fait la même remarque pour les endroits où l'herbe était aussi moins savoureuse.

Tout en nourrissant copieusement les veaux pendant le premier hiver, et surtout avec des aliments de très-bonne qualité, je pense qu'il est indispensable de les rationner, comme on va le voir par les exemples suivants :

ANIMAUX RATIONNÉS.

	PAR TÊTE, en deux repas.	
	Turneps.	Paille.
Bouvillon angus, 1 an...................	33 kil.	5 kil.
Un taureau durham, 1 an...............	42	4
Génisses croisées, 1 an..................	33	5

Ces jeunes bêtes étaient dans un état satisfaisant, cependant peut-être un peu maigres.

Ceci se passait en avril, les turneps touchaient à leur fin; je pense que, dans le courant de l'hiver, on était plus généreux.

Dans une autre ferme, quatre veaux de huit mois recevaient en deux repas, par jour (janvier), 127 kilog. de turneps (dans cette ration il entrait beaucoup de feuilles), soit 51 kilog. par tête et 4 kilog. de paille d'avoine.

Ces veaux paraissaient à peu près s'entretenir convenablement, surtout ceux de première qualité.

Si l'on vient à comparer avec des animaux nourris à satiété, on verra que ceux-ci consommaient près du double, quoique la qualité des aliments fût de beaucoup supérieure.

En Écosse, chez un éleveur de purs durhams, des veaux de dix mois recevaient par tête : turneps collet violet, de 59 à 55 kilogr.; tourteaux, ou caroubes, 1 kilog.; paille d'avoine à discrétion.

Chez un éleveur de purs angus, deux génisses de douze mois, en deux repas, recevaient : turneps jaunes, 106 kilog., soit par tête 53 kilog.; tourteau, 3 kilog., soit par tête, 1ᵏ,50; paille d'avoine, 10 kilog., soit par tête 5 kilog.

Deux génisses de onze mois : turneps, 114 kilog., soit par tête 57 kilog.; tourteau, 3 kilog., soit par tête 1ᵏ,50; paille d'avoine, 10 kilog., soit par tête 5 kilogr.

VEAU AGÉ DE 5 MOIS 15 JOURS.

DÉCEMBRE.	POIDS des turneps donnés. Kil.	RESTE. Kil.	TOTAL mangé par jour. Kil.
Lundi matin........	12.250	3. »	»
— soir..........	23. »	11.200	21.05
Mardi matin........	15. »	»	»
— soir..........	22. »	11. »	26. »
Mercredi matin......	12. »	»	»
— soir........	18. »	»	30. »
Jeudi matin.........	12. »	»	»
— soir.	21. »	1.50	31.500
Vendredi matin......	15. »	»	»
— soir.	21. »	3.50	32.500
Samedi matin.	15. »	»	15. »
— soir.	»	»	»
Dimanche matin.....	16. »	7.50	»
— soir........	22.500	3. »	28. »
Lundi matin........	15. »	»	»
— soir.	26. »	7. »	34. »

OBSERVATIONS. Le jeudi et le vendredi, les turneps, qui étaient de la variété dite yallow, ont été donnés sans feuilles. — Le dimanche, j'ai recommencé à donner avec feuilles. — Le veau a reçu, en plus, dans la semaine, mais très-irrégulièrement, et dans les premiers jours seulement, un total de 2 kilog. de tourteau.

Le veau avait mangé, dans une journée précédente, 52 kilog. de turneps avec leurs feuilles. Je n'ai pu séparer la paille mangée de la litière, et la moyenne totale exacte de ces huit jours s'est élevée à 4ᵏ.625 de paille d'avoine par vingt-quatre heures ; l'écurie était humide.

CHAPITRE II.

Des bœufs.

Engraissement à l'herbage. — Prairies : composition ; prix de location ; du gouvernement des bœufs à l'herbe ; effets du tourteau ; quantité de prairie nécessaire par tête de bétail. — De la continuation de l'engraissement avec des pois et des vesces.

Lorsque les bœufs atteignent, en moyenne, dix-huit mois, c'est-à-dire à l'entrée du second hiver, on prend fort peu soin d'eux dans tout le nord de l'Écosse. Ils sont rentrés seulement à l'arrivée des grandes neiges, ou des mauvais temps exceptionnels ; jusque-là, ils restent, nuit et jour, dans les herbages, où on leur distribue, soir et matin, dans le courant de novembre, quelques charretées de turneps blancs hâtifs. Le but que l'on se propose en laissant ces bœufs aussi tard dans les prairies, c'est de faire raser les relais des herbages, et de donner le temps aux bœufs gras qui partent successivement pour la boucherie de leur faire de la place. Car dans cette partie de l'Écosse les fermes ont fort peu de bâtiments. Lorsque enfin les jeunes bœufs sont rentrés, on leur donne naturellement le plus mauvais local et les plus mauvais turneps. Au printemps suivant, on les met encore dans les herbages inférieurs ; mais, si l'on doit les vendre au boucher à la fin de l'hiver, c'est-à-dire de trente-deux à trente-quatre mois, on les partage mieux, et surtout on les rentre et on les met aux turneps beaucoup plus tôt. Ce ne sont que les animaux d'élite qui partent à cet âge, tels que ceux auxquels on a abandonné leurs mères à teter la première année, et toujours des croisements durhams, surtout le west-highland-durham.

A la fin du troisième hiver, les bons éleveurs soignent déjà mieux leurs bœufs; car il faut qu'ils soient bien en chair pour profiter des excellents herbages qu'ils vont avoir à leur disposition.

Les prairies du nord de l'Écosse doivent être divisées en quatre catégories :

1° Les herbages naturels; ils sont en très-petit nombre, et on les trouve, en général, autour des habitations des propriétaires.

2° Les prairies artificielles d'un an,

3° Les praires artificielles de deux ans,

4° Les prairies artificielles de trois ans.

Les prairies naturelles sont inférieures aux prairies artificielles d'un an; cependant, vers la fin de juillet, celles qui sont de première qualité peuvent être considérées comme équivalentes; mais c'est rare. Ces prairies se louent, tous les ans, aux enchères publiques, qui sont précédées d'une collation composée de bière, de fromage, de galette d'avoine, même de viande froide et fortement arrosée de wiskey, que le vendeur offre à tous les assistants.

On ne se met pas en route avant d'avoir porté successivement des toasts à la reine, au prince époux, à la famille royale, et enfin un autre pour souhaiter une bonne vente. Le crieur et un homme portant du wiskey partent et on les suit.

Les parcs sont, en général, de 2 à 5 hectares, où l'on établit, autant que possible, des abreuvoirs. Le propriétaire se charge des clôtures, toujours en bois de pin ou en pierres sèches (1).

Voici les prix de location ordinaire à l'hectare, relevés d'après des ventes publiques :

135 fr. Prairie naturelle de huit ans sur une hauteur; 60 ares étaient nécessaires pour engraisser une tête de bétail ;

45   Très-pauvre pâture ne végétant pas ;

76   Bonne qualité, mais d'une faible végétation, 73 à 80 ares par tête ;

67   Très-inférieure qualité, 1 hectare par tête ;

112   Qualité inférieure, d'une végétation très-vigoureuse, une bête de deux ans par 40 ares ;

185   Très-bonne, une tête d'engrais par 55 ares ;

196   Meilleure qualité pour engraisser, 40 ares par tête.

Autre vente :

105 fr. De 50 à 60 ares par tête, bêtes de deux ans ;

152   Au plus 40 ares par tête, bête d'engrais ;

110   Par tête 70 ares.

Autre vente :

210 fr. Prairie artificielle d'un an, 55 ares par tête d'engrais ; c'est un cas très-rare ;

100   Herbe de trois ans propre à engraisser, 70 ares par tête d'engrais ;

87   Herbe de sept à huit ans, 50 ares par tête, mais mauvaise qualité ;

68   Herbe de sept à huit ans, beaucoup de houlque laineuse.

(1) Les clôtures en bois de pin sont formées d'une suite de travées

Ces herbages sont loués pour six mois, et le plus souvent on n'a pas le droit d'y mettre de moutons. Le propriétaire se le réserve, ainsi que celui d'y mettre des chevaux à partir du 1er décembre ; mais ceci varie.

Je puis garantir l'exactitude des chiffres de tête de bétail par hectare ; car j'ai suivi ces herbages pendant toute une année. Une prairie naturelle sur une hauteur, de très-bonne qualité, louée pour un long bail 105 fr. l'hectare et considérée comme à très-bon marché, a nourri sur 11^h,50 22 bœufs (soit par tête 52 ares 27) depuis le 10 mai jusqu'au 1er octobre. Les bœufs étaient environ de 750 kilog.

Le 20 juin et encore à la fin de la saison, je pensais que quatre bœufs de plus y auraient trouvé place. Trois chevaux y ont vécu tout l'hiver, et il y aurait eu de la nourriture pour bien d'autres.

Cette prairie était composée ainsi qu'il suit, au 20 juin : 1° agrostis, 2° trèfle blanc, 3° houlque molle (dominantes) ; paturin commun, pâquerette, plantain lancéolé, céreste, pissenlit ; un lolium, une renoncule (accessoires) ; véronique, seneçon visqueux, myosotis (accidentelles).

Les prairies naturelles nourrissant une bête d'engrais par 35 à 40 ares sont composées de graminées fines, de houlque, de trèfle blanc, de renoncule traçante, de petites vesces et de plantain lancéolé. Je les cite dans l'ordre où ces plantes

d'une largeur de 3 mètres environ, établies au moyen d'un poteau et de deux traverses. — Les poteaux sont, autant que possible, en mélèze, sciés par la moitié, et dont on brûle l'extrémité placée en terre. Les traverses sont sciées aussi en deux, le tout à la scie mécanique ; il y en a d'établies sur tous les petits cours d'eau. La hauteur de la clôture varie de 0^m,90 à 1 mètre. La durée des poteaux n'est guère que de trois ans lorsqu'ils sont en pin, et de cinq en bois de mélèze. — Les barres, taillées en biseau à leur extrémité pour s'emboîter dans les mortaises, durent de six à neuf ans. Le mètre courant de clôture en pin coûte, à la scierie, 27 centimes.

dominent habituellement. Je ferai de même pour tous les exemples qui suivent.

Ce qui rendait presque toujours de qualité secondaire les prairies offrant une végétation vigoureuse et pouvant nourrir une bête de deux ans par 35 à 50 ares, c'était la présence de la houlque laineuse comme plante dominante, et la nature humide du sol, qui permettait bien l'abondance du fourrage, mais non la qualité.

Les PRAIRIES HAUTES (NATURELLES) pouvant nourrir une bête de gros bétail sur 70 à 80 ares étaient, en général, ainsi composées au 23 juillet : Trèfle blanc, houlque, brunelle, lotier corniculé, cretelle, agrostis vulgaire, la porcelle et le seneçon visqueux. Ces herbages naturels ne recevaient, la plupart du temps, aucun soin ; pour quelques-uns, cependant, j'ai vu, en octobre, répandre des terreaux formés de curures de fossés, de joncs, etc., mélangés à de la chaux.

PRAIRIES ARTIFICIELLES.— *Première année, 1re qualité.* — Les ray-grass anglais et d'Italie doivent être très-vigoureux et exister seuls avec les trèfles semés exprès. Trèfle commun, trèfle blanc, trèfle hybride (new-clover).

Deuxième année, 1re qualité. — Les trèfles dominent, surtout les trèfles blancs ; dans les bons sols, on trouve de la céreste en quantité.

Troisième année. — On voit toujours beaucoup de trèfle blanc, et les plantes propres à la nature du sol commencent à se montrer. Le ray-grass anglais se rencontre encore ; voici, du reste, la composition d'une prairie artificielle de troisième récolte dans une terre élevée et saine (15 juin) :

1° Trèfle blanc ;
2° Lotier corniculé ;
3° Petite pâquerette ;
4° Céreste, les animaux la mangent bien ;

5° Houlque laineuse, pas encore en fleur ;
6° Renoncule traçante ;
7° Petite oseille ;
8° Plantain lancéolé ;
9° Ray-grass chétif ;
10° Quelques brins de trèfle des prés ;
11° Brome mou ;
12° Une vesce que les animaux recherchaient.

Comme on le voit, ces plantes sont très-bonnes pour la plupart ; le seul reproche que l'on pût faire à ces prairies était de végéter faiblement.

MISE A L'HERBE.

Les fermiers, vers le 15 mai, prennent l'élite de leurs bœufs d'engrais, et les mettent sur les prairies d'un an, de première qualité ; ils chargent les autres avec des bêtes plus jeunes ou de second choix.

M. Mac-Combie, un des plus grands engraisseurs du nord de l'Écosse, s'arrangeait toujours pour avoir de nouveaux herbages de qualité au moins égale à donner à ses bœufs d'engrais. Il tenait extraordinairement à ce qu'ils fussent changés tous les quinze jours au plus tard, et même plus souvent, s'il s'apercevait qu'ils ne reposassent pas bien.

Il attribue une grande partie de son succès dans l'engraissement à cette méthode, je le crois ; mais il est bien dû aussi à l'excellent choix des animaux, et à leur translation du Morrayshire dans le comté d'Aberdeen, où ils trouvent des pâturages supérieurs et d'une autre composition. Je crois que ces changements d'un pays à l'autre, et d'un herbage dans un autre herbage, ont toujours les plus heureux effets dans la pratique de l'engraissement ; excepté, toutefois, si l'on procédait du supérieur à l'inférieur ; dans ce cas, le changement ne doit être que momentané, et considéré comme mesure d'hygiène. J'ai vu des bœufs gras, un peu dégoûtés d'une excellente pâture d'un an, se jeter avec avidité dans une friche aride, mais élevée, couverte de fétuques presque sèches, de flouves, de bruyères et de genêts. Je pense qu'il ne faudrait souvent pas plus d'un jour ou deux passés par des bœufs dégoûtés dans des endroits analogues, pour les remettre en appétit.

Il me semble qu'il est mauvais et d'une économie mal entendue de donner en même temps à des animaux un herbage où il se trouve de l'herbe de deux qualités; on doit y faire attention en faisant les clôtures.

La bonne partie de la prairie est toujours surchargée, tandis que les animaux ne touchent pas à l'autre, qui est seulement piétinée.

Lorsqu'on commence à mettre les bœufs à l'herbe, s'il survient de mauvaises nuits, il faut les rentrer. On ne doit craindre la météorisation que durant les huit premiers jours, et là seulement où domine le trèfle ; je n'en ai pas vu d'exemples. Les animaux prennent la diarrhée en arrivant à l'herbe ; elle est sans inconvénient. On ne doit pas mettre plus de 25 à 30 bœufs dans le même parc à la fois ; en plus grand nombre, ils courent trop et engraissent mal. Il faut aussi faire attention à ce que les parcs soient d'une grandeur proportionnée au nombre d'animaux, et en général pas trop étendus.

Jamais M. Mac-Combie n'emploie de chiens pour gouverner les bœufs; du reste, je n'en ai vu nulle part dans le pays. On fait la plus grande attention, comme partout ailleurs, à ne pas distraire les animaux.

On organise les bandes à la mise à l'herbe, et autant que possible on ne les change plus.

M. Mac-Combie achetait presque tous ses bœufs en mars, à mesure qu'une troupe arrivait, il lui faisait subir avec le plus grand soin, une sorte de quarantaine, loin de ses corps de ferme et de ses autres animaux, dans la seule crainte de la péripneumonie.

Lorsque les animaux sont à l'herbage, il n'y a plus qu'à les surveiller, voir s'ils mangent bien, s'ils reposent et ont de bonne eau à discrétion. Il ne se passait guère de jours sans que M. Mac-Combie n'allât voir chaque bande de bœufs, et, quoiqu'il eût des gens soigneux, deux fois sur cinq il découvrait, le premier, les animaux malades. Ce que c'est que l'œil du maître!!!

Il pense que, une fois juillet arrivé, l'on peut mettre les bœufs d'une bonne prairie artificielle dans une bonne prairie naturelle, et ensuite *vice versá*, sans que l'on puisse s'apercevoir des avantages ou des inconvénients.

Cependant l'on ne peut trop étudier les effets de ces changements d'herbage, car c'est en grande partie de là que dépend le succès de l'engraissement.

D'après M. Mac-Combie, c'est pendant mai et juin que les animaux augmentent le plus, ils engraissent à vue d'œil ; cependant, s'il vient des mauvais temps, il y a un peu de retard. Après quinze jours de pluie et de vent, j'ai été tout surpris de retrouver des bœufs qui non-seulement me parurent n'avoir rien fait, mais encore ayant le poil piqué et fort mauvaise apparence ; quelques beaux jours suffirent pour les changer de nouveau.

M. Mac-Combie considère comme un très-mauvais antécédent de donner du tourteau, pendant l'hiver, aux bœufs à l'engrais, avant leur mise à l'herbe ; ils profitent beaucoup moins bien : en effet, ils passent d'une nourriture plus substantielle à une qui l'est moins, rien n'est plus préjudiciable. Les bœufs doivent être en chair, mais on doit les y amener sans l'aide du tourteau.

Un engraisseur est souvent détourné d'acheter une bande de bœufs pour mettre à l'herbe, lorsqu'il apprend qu'elle a reçu du tourteau pendant l'hiver. Je tiens d'un homme pratique que les farines sont encore plus nuisibles.

J'ai l'expérience d'une troupe de bœufs qui, en mai, se trouvaient fins-gras; ils avaient reçu du tourteau environ $1^k,50$ par tête seulement: on les mit à l'herbe; ils n'augmentèrent pas pendant l'été, bien plutôt il m'a toujours semblé qu'ils avaient dépéri.

Il ne faut pas attribuer cet effet complétement au tourteau, mais aussi un peu à l'état d'engraissement avancé où se trouvait cette bande. Ces bœufs ne reprirent qu'à l'automne, lorsqu'on leur donna des turneps, du tourteau et même de la farine d'orge. A ce moment, je les vis engraissser à vue d'œil.

Je me rappelle un bœuf de concours de deux ans qui avait reçu, en quantité, grain et tourteau; on le mit dans une prairie excellente, il dépérit horriblement, mais, lorsqu'on le rentra au bout de deux mois et qu'on lui rendit sa nourriture primitive, je ne me rappelle pas avoir jamais vu de sujet grossir et engraisser avec une telle rapidité.

Pour moi, je n'ai aucun doute, si l'on abuse un peu du tourteau, on en perd l'avantage ainsi que les premiers mois d'herbage; mais c'est surtout lorsque les animaux en ont mangé au point de leur faire contracter un embonpoint déjà notable. — Il me semble que, dans un élevage bien entendu, on ne doit presque jamais faire consommer de tourteau avant l'engraissement proprement dit, si ce n'est dans l'hiver qui suit la naissance, ou bien lorsqu'on est en mesure de le continuer sans interruption. Il faut, lorsqu'on use du tourteau, le diminuer progressivement, le mauvais effet est de beaucoup atténué; je n'ai pris ces idées que sous l'impression des résultats produits par des changements brusques.

Comme je l'ai écrit précédemment, il faut compter de 50 à 60 ares de prairie artificielle d'âge mélangé pour la nourriture d'une bête adulte.

Trois chevaux de travail, deux pouliches de deux ans, huit vaches, trois bœufs, quatre bêtes d'un an, trois veaux et une vache morte en juin et qui n'a pas été remplacée, total vingt-quatre bêtes, ont pu vivre du 20 mai jusqu'à l'automne, sans aucun supplément, sur une prairie de trois ans de $4^h,50$ et une de deux ans de $3^h,25$. En ne comptant que les bêtes adultes, on arrive par tête à 36 ares. La prairie de trois ans était inférieure. Il faut ajouter en septembre, le pacage de deux prairies d'un an d'une étendue de $4^h,50$, le regain était insignifiant.

Les animaux se sont soutenus, mais c'était un peu trop juste : la prairie de deux ans était remarquablement bonne; il n'y avait pas de relais, grâce aux chevaux, les bœufs n'avaient fait que grossir.

Un éleveur de Durham estimait à 60 ares ou un peu plus l'étendue de prairie d'un an, très-bonne qualité, nécessaire à une vache et un veau pendant six mois : il s'agissait de nourriture de satiété.

Vers le 1er septembre, lorsque les herbages cessent de pousser et que les vesces, pois et avoine semés mélangés sont en gros grains, l'on rentre les meilleurs bœufs et ceux que l'on veut expédier les premiers.

On leur donne de ce fourrage trois fois par jour à discrétion, et rien autre chose; seulement on les mène boire matin et soir. On préfère ne pas trop remplir les râteliers d'un seul coup et en rapporter deux ou trois fois dans le courant du repas.

J'ai suivi en même temps la consommation de vesces dans deux fermes : l'expérience portait sur plus de vingt bœufs dans chaque endroit; mais j'ai le regret de n'avoir pu peser au moins quelques rations.

Dans la première ferme, 1 hectare de pois, vesces et avoine ramenés à l'unité a fourni l'équivalent de deux cent quatre-vingt-treize jours de nourriture à un bœuf; sur quoi il faut répartir, en plus, le produit de 4 ares 26 centiares de turneps blancs, qui, avec les feuilles, devaient produire 5 kilog. au mètre carré. D'où il résulte qu'un bœuf pesant, en moyenne, 900 kilog. au cordon Quetelet a exigé, comme ration d'engraissement, le produit journalier de $34^{m\,c},16$ de vesces, et en plus celui de $4^{m\,c},26$ de turneps blancs.

La récolte de vesces était moyenne, plutôt faible. A la fin, les pois et l'avoine étaient si avancés, qu'on eût pu presque conserver les grains qui en *provenaient* et que les animaux laissaient dans le fond des crèches.

Sur une autre ferme avec des bœufs de même âge et de même poids, un peu moins gras, l'hectare de vesces a produit l'équivalent de six cent cinquante-huit jours de nourriture pour un bœuf avec un supplément de $1^{m},37$ de turneps blancs, pouvant aussi être estimés à 5 kilog. de produit par mètre.

Dans ce cas, $15^{m},20$ carrés de vesces et $1^{m},37$ de turneps par jour ont suffi, comme ration d'engraissement, à un bœuf.

Je suis certain du chiffre d'étendue, $15^{m},20$; s'il y a une erreur, elle est encore en déduction, car trois vaches laitières ont reçu presque pendant tout le temps, comme supplément de pâturage, environ 50 kilog.; mais, comme c'était la même chose dans le premier exemple et que rien n'a été régulier, j'ai négligé d'en tenir compte.

Dans le dernier cas, les vesces avaient été semées à deux reprises différentes; aussi se trouvaient-elles dans le meilleur état de consommation possible, c'est-à-dire dans un juste milieu, entre la floraison et l'époque de la maturité; aussi rien n'a été perdu.

Ces vesces étaient extraordinaires, je n'ai jamais vu une semblable récolte; en quelques endroits le mélange de pois atteignait près de 1^{m},60.

Ce fourrage était venu sur une terre noire, tourbeuse, drainée. On avait guère mis plus de 200 kilog. de guano à l'hectare. La récolte précédente, dans les deux exemples cités, était une avoine de printemps, qui est, du reste, la seule cultivée dans ce pays.

CHAPITRE III.

Des bœufs (suite).

Dans le nord de l'Écosse, l'engraissement du bœuf à l'étable n'est dans son plein qu'au 1er novembre. Les animaux rentrés des herbages sont laissés libres sous des hangars ou dans des étables avec cours attenantes. Ils sont, en général, par bandes de dix ou douze, on en réunit rarement un plus grand nombre et, autant que possible, on les assortit en qualité, âge et force. C'est encore plus important lorsque, n'ayant pas de local convenable, on les attache en stalle par paires, ce qui est, du reste, la majorité des cas. (*Voir* Étable.) Souvent il faut attacher des bœufs de deux à trois ans qui, tels que les galloways, ne sont jamais sortis des pâturages. On les rentre deux par deux dans l'étable qui leur est destinée, puis, lorsque c'est nécessaire, on leur passe autour du cou un nœud coulant, dont on a fixé d'avance le point d'arrêt ; on attire et on maintient successivement chaque bœuf à la place qu'il doit occuper jusqu'à ce qu'on ait pu lui passer sa chaîne.

Trois hommes adroits et alertes suffisent pour faire ce

travail. Lorsque les bœufs sont une fois attachés, ils le sont pour jusqu'au moment où ils partiront pour l'abattoir. Sous aucun prétexte on ne les détache. On agit de même pour les bœufs destinés à charger les herbages l'année suivante. Il est tout à fait exceptionnel qu'on leur fasse prendre de l'exercice.

La paille d'avoine et les turneps sont les aliments employés dans le nord de l'Écosse à l'engraissement des bœufs. La paille d'avoine est d'une qualité supérieure, inconnue en France; elle n'est pas desséchée, on la coupe presque verte ou, du moins, rose. Ces qualités sont une conséquence de la température peu élevée du climat, qui ne laisse mûrir la graine qu'extrêmement lentement. Les turneps cultivés dans le comté d'Aberdeen sont de plusieurs variétés qui diffèrent en valeur nutritive, outre que leur qualité varie encore avec le terrain où on les récolte.

1° Le white-globe est le plus hâtif; dès septembre on donne ce navet. Il est peu nutritif. On le laisse faner deux à trois jours sur le sol pour lui faire perdre de son eau végétative.

2° Le turneps yallow ou aberdeen-bulock est le plus communément cultivé et le plus estimé; comme son nom l'indique, sa chair est jaune. Il atteint toutes ses qualités dans les terres saines.

3° Le purple-top vient mieux dans les terrains très-secs; il a aussi la chair jaune, mais le collet violet.

4° Le sweedish-turneps, navet de Suède, rutabaga, est le plus estimé de tous les turneps; c'est toujours par lui qu'on finit l'engraissement. On en cultive partout où le terrain le permet.

Lorsque les étables sont au complet, on partage les animaux aux bouviers.

On calcule qu'en moyenne un homme peut soigner trente

bœufs; j'ai vu dans trois fermes le même bouvier en soigner trente-six. Encore, dans un de ces cas, la paille se trouvait à 150 mètres et le bouvier ne pouvait guère en apporter à la fois que 30 kilog.

Le lever des domestiques est, en tous temps, à cinq heures; ils déjeunent, et à six heures ils se rendent à la machine à battre. Le plus généralement elle est mue par l'eau; ils y restent environ une heure, suivant les besoins. L'usage de donner toujours des fourrages fraîchement battus est excellent. Quelquefois l'on bottelle à mesure la paille destinée à être mangée, c'est-à-dire on la met par gros bouchons du poids de 3ᵏ,50 à 4 kilog., dont une poupée de filasse peut donner une idée, mais on ne peut le faire qu'avec de la paille d'avoine très-liante.

A sept heures, chaque bouvier se rend dans son étable; il jette une poignée de paille d'avoine à chaque bœuf, et ces animaux sont si peu pressés de manger, que souvent ils ne se lèvent seulement pas.

Presque toujours on relève la litière sous les pieds de devant et on ôte le fumier entièrement. On nettoie ensuite parfaitement les auges; les débris de turneps, que quelques bouviers y laissent s'accumuler, infectent lorsqu'on vient à vouloir les enlever au bout de quelques jours, et cette négligence suffit pour dégoûter les bœufs. Cet ouvrage terminé, l'on passe à la distribution des turneps, qu'on apporte journellement des champs dans les cours; on ne les coupe point, on ne les nettoie point.

Le bouvier, après avoir essuyé un peu sa brouette à fumier avec une poignée de paille, se rend au tas de turneps, et, soit avec une fourche, soit avec les mains, il la charge; revient alors, la pousse entre deux bœufs, l'enlève droite et d'une seule secousse, jette son contenu dans la crèche. (*Voir* Rations.)

Il continue ainsi de suite jusqu'à ce qu'il ait fini. Pour trente bœufs c'est donc 15 brouettées. Le bouvier sort ensuite le fumier de l'étable, égalise la litière restante, redonne une poignée de paille d'avoine tout à fait en dernier lieu, met la litière fraîche et se retire ; il est neuf heures ou neuf heures et demie. J'ai vu, montre en main, faire ce pansement pour 50 bœufs en deux heures, mais il est certain qu'il ne faut pas perdre de temps, surtout si la paille n'est pas approvisionnée d'avance. La forme à fumier, indiquée à peine par une légère excavation ou encadrement, touche l'étable ; le plus souvent elle est en contre-bas, on culbute la brouette, et rarement on étend le fumier. Il est bien entendu qu'il n'est pas question de balai ; une fourche en fer, petite et légère, et une racloire sont les seuls ustensiles employés au nettoyage de l'étable.

Je ne parle pas de donner à boire, car les animaux, depuis le jour où ils commencent à manger des turneps jusqu'au moment où ils partent pour Londres ou retournent aux herbages, ne reçoivent pas une goutte d'eau ; on la regarde même comme nuisible : j'ai vu plusieurs cours à bœufs où l'eau passait naturellement et où on l'avait arrêtée avec intention. Entre neuf heures et neuf heures et demie tous les bœufs sont couchés, le bouvier part pour aller arracher les turneps ; il sort le navet de terre et donne un seul coup de couteau ou deux, suivant que l'on conserve les feuilles ou non.

Si on les conserve, l'extrémité de la racine est abattue d'un coup, et l'on réunit dans une seule le produit de quatre raies.

Avant de partir, le bouvier-chef passe dans toutes les étables pour juger du travail, et surtout pour voir s'il n'y a pas d'animaux météorisés, accident extrêmement fréquent lorsque les bœufs mangent des turneps. (*Voir* Maladies.)

A midi, les bouviers reviennent dîner ; ils retournent à leurs turneps, s'ils n'ont pu arracher, le matin, la quantité nécessaire pour leurs trente bœufs, mais c'est rare ; ils approvisionnent leur paille, et entre deux ou trois heures ils entrent dans l'étable. C'est alors qu'ils passent grossièrement l'étrille écossaise, qui se tire sans se repousser ; encore ne le fait-on pas tous les jours. On donne la paille, puis c'est le moment de distribuer le tourteau ou la farine.

Si les animaux en reçoivent deux fois par jour, l'on en distribue la moitié le matin sitôt que la première paille est mangée. On lève le fumier, on nettoie l'auge, et le reste du pansage est en tout semblable à celui du matin, si ce n'est qu'en général l'on donne plus de turneps. Vers cinq heures, l'on fait la litière définitive. Le chef-bouvier fait sa ronde, et tout est terminé jusqu'à sept heures. A ce moment, les bouviers passent une nouvelle revue, donnent une poignée de paille, arrangent un peu la litière sans en ajouter de nouvelle, et leur tâche est terminée. En été, l'on renvoie les bouviers, l'engagement n'étant que de six mois ; mais, le plus souvent, on les occupe à tous travaux d'extérieur de la ferme. Si l'on compare cette manière d'engraisser avec ce qui se pratique en France, l'on verra combien les Écossais nous laissent loin derrière eux pour la rapidité et la simplicité des soins, et cependant ils réussissent aussi bien que nous.

Prenons n'importe quel pays de la France, la Vendée par exemple.

Un fermier croirait tout perdre, si ses bœufs à l'engrais n'avaient pas à manger entre quatre et cinq heures du matin.

La journée est un repas presque continuel ; c'est à peine si, de distance en distance, on laisse aux bœufs deux heures de suite pour reposer et ruminer.

Successivement on leur apporte une petite brassée de foin,
puis des choux, puis du foin ; l'on mène boire ; puis l'on
redonne des choux, des raves, des rutabagas entremêlés
de foin de prairies naturelles et artificielles, jusqu'à ce
que l'animal refuse de manger ; et le soir, vers neuf ou
dix heures, on remplit encore les râteliers.

Les raves et toutes les racines sont lavées, grattées au
couteau et coupées comme si ou voulait les mettre dans le
pot-au-feu.

Les Vendéens ne prennent que des soins minutieux ; mais
comment appellera-t-on ceux que prennent les Gascons, qui
chantent, dit-on, pendant toute la durée du repas de leurs
bœufs ?

Lorsque le chanteur s'arrête, les bœufs cessent de
manger. Je n'ai jamais pu savoir s'il était nécessaire de
chanter juste ou faux, et s'il faut autant d'orphéonistes que
de paires de bœufs ; ce qui le ferait croire, c'est que, assure-
t-on, chaque bœuf prend dans la propre main de son bouvier toute la nourriture qu'il doit consommer.

Les Vendéens engraissent leurs bœufs bien et vite ; mais
toute cette peine qu'ils se donnent est-elle absolument nécessaire ? Un nombre illimité de repas est-il indispensable ?

Depuis déjà longtemps Mathieu de Dombasle a dit que
deux bons repas suffisaient à des bœufs à l'engrais ; leur
digestion n'est pas troublée, et, ce qui est capital, ils se reposent à leur aise.

En supposant que les engraisseurs vendéens arrivent au
même résultat que les Écossais, n'y a-t-il pas encore de
quoi les faire réfléchir ?

Un bouvier vendéen, d'après le système de son pays,
soignera huit bœufs ou dix au plus ; un Écossais, trente et
trente-six.

Tout en admettant qu'on ne puisse copier complétement les Écossais, n'y a-t-il pas une marge assez grande pour attirer l'attention? Deux hommes de plus dans une ferme entretenant trente bœufs sont-ils actuellement une si petite économie?

Les bœufs que l'on engraisse dans des cours, c'est-à-dire qui ont à leur volonté le grand air ou l'abri, ont meilleure apparence que dans les étables, sont moins sujets à être malades. Je n'ai vu nulle part, en Écosse, des bœufs à l'engrais sous de simples hangars ouverts à tous les vents, on ne traite ainsi que les animaux d'élevage ; car je n'appelle pas hangars de confortables bâtiments, peu élevés, où de quatre à cinq larges ouvertures permettent aux animaux d'aller et de venir.

Le service avec ce système de bœufs en cours est encore simplifié ; il est plus prompt, et le fumier que l'on obtient est de beaucoup supérieur. On ne met pas de litière dans la cour, du moins fort peu, surtout par les temps pluvieux, afin de forcer les animaux à venir se coucher au sec. Le fumier est donc à couvert, tassé, moyennement humecté et exposé à une fermentation extrêmement faible et régulière. C'est, il me semble, le traitement idéal de l'engrais.

Pour contre-balancer les avantages du système des animaux qu'on laisse libres dans des étables avec cours attenantes il faut

1° Une place dans l'étable d'une étendue double à celle nécessaire pour un bœuf attaché ; 2° une dépense de litière double ; 3° la difficulté de donner des rations supplémentaires à tel ou tel animal ; 4° une solidité à toute épreuve dans les bâtiments et les accessoires ; 5° une moins grande rapidité dans l'engraissement, du moins je le crois, car les animaux sont plus distraits, et, s'il survient des temps très-mauvais, ils les ressentent davantage, car, sans cesse, ils vont et viennent dans leurs cours.

Le système des cours avec étables attenantes est très-avantageux lorsqu'on entretient de jeunes animaux ; de simples hangars alors leur suffisent, et c'est un moyen d'utiliser l'endroit où l'on dépose le fumier. Dans un grand nombre de fermes j'ai vu de ces hangars attenants à l'écurie des chevaux.

Le fumier qui en sortait, répandu sous les hangars et dans la cour, permettait d'épargner une partie notable de la litière.

Pour les bœufs gras, on ne peut agir de même; ils ont déjà une fâcheuse prédisposition à transpirer, que l'on doit s'efforcer de combattre et que la fermentation d'une grande masse de fumier accumulée favorise.

Souvent il m'est arrivé, le soir, lorsqu'il faisait un peu froid, de me rendre dans les cours et, en touchant les animaux couchés à l'abri sous les bâtiments, de les trouver entièrement mouillés, comme s'ils eussent été exposés à la rosée la plus froide.

On voyait des vapeurs s'élever tout autour des bœufs, et l'état dans lequel je les trouvais était, probablement, le résultat d'une condensation jointe à la sueur refroidie. Lorsqu'on en est arrivé là, il faut enlever le fumier le plus vite possible. *La transpiration est bien nuisible au bœuf d'engrais*, et l'on ne saurait trop l'éviter, aussi aère-t-on excessivement les étables ; *mais il me semble que cet état est pis et qu'il expose la santé.*

C'est encore souvent par crainte de la transpiration qu'on laisse peu de fumier sous les animaux attachés dans les étables.

Dans les cours il y a crèches et râteliers ; on remplit les unes de turneps et les autres de paille, qu'on donne tout d'une fois.

Pour la litière, le travail est extrêmement simplifié; c'est là que l'on emploie les balles et menues pailles. Il est rare que ces animaux libres cherchent à se battre, à la condition qu'il n'y ait pas de nouveaux venus.

Comme je l'ai déjà dit, l'on donne les turneps tels qu'on les apporte des champs, toujours entiers, avec ou sans les feuilles, mouillés ou non, souillés ou propres, suivant le temps.

Je crois que pour les bœufs déjà gras il faut supprimer les feuilles, de même qu'à tous les animaux par les temps de pluie.

J'ai cru observer souvent que les bœufs mangeaient un poids total moins considérable de turneps avec les feuilles que sans les feuilles; je suis toujours certain qu'ils n'en mangent pas plus; dès lors, les feuilles étant moins nutritives, il y a avantage à les supprimer.

Cependant, lorsqu'elles sont de très-belle qualité et qu'il fait sec, je pense qu'il est bon, quelquefois, de ne pas les retrancher, afin de varier l'alimentation.

Par les temps de pluie les bœufs mangent moins, et par les temps froids ils consomment davantage.

Les bœufs sont tellement bien habitués dès leur jeunesse, qu'ils coupent les turneps admirablement et les mangent complétement.

Ils en attaquent rarement plusieurs à la fois, et c'est ce qui explique comment, même un peu boueux, ils les mangent aussi bien.

Le premier coup de dent une fois donné, les animaux trouvent un turneps beaucoup plus appétissant que le plus propre passé au coupe-racine, qui se ternit presque instantanément.

Que l'on soit sans couteau et que l'on prenne une pomme dont la peau soit salie, on la préférera encore à une autre très-propre coupée la veille en vingt morceaux.

Là est toute l'explication.

Du reste, il ne faut pas oublier que dans le comté d'Aberdeen tous les terrains sont granitiques et, conséquemment, qu'ils adhèrent peu aux racines.

Il est très-rare que les bœufs s'obstruent le gosier avec des navets; je n'en ai vu que deux exemples. On a laissé agir la nature, et au bout de quelques heures il n'y a plus paru.

On ne coupe les turneps que pour les animaux qui perdent leurs dents et cessent de manger, ce n'est que momentané. Pour les rutabagas seuls, on fait quelquefois exception.

On met en silos quelques turneps, pour être donnés pendant les froids; car les animaux mangent très-mal les navets gelés, ils peuvent leur être nuisibles.

Lorsqu'on a commencé à donner des turneps de Suède à des bœufs d'engrais, il ne faut plus revenir aux navets communs, ou l'on s'expose à voir ses animaux dépérir.

Il y a même une grande attention à faire à la qualité en donnant des turneps de la même variété. J'ai vu un bœuf nourri à satiété, je pesais sa nourriture depuis huit jours, manger dans une seule nuit 20 kilogrammes de plus de turneps que pendant toutes les précédentes.

Ces navets provenaient de la même pièce, étaient de la même variété; je n'ai donc pu attribuer ce fait qu'à leur qualité supérieure visible causée par leur plus de maturité et par leur provenance d'une partie très-saine et très-élevée.

Je cite ce fait pour prouver qu'il n'y a pas de petites attentions dans la pratique de l'engraissement.

En donnant les turneps on ne saurait y apporter trop de soin; un bon bouvier, au bout de quelques jours, doit savoir à quelle quantité il doit s'arrêter pour chaque bœuf.

Doit-on rationner les animaux ou chercher à les faire consommer le plus possible? Y a-t-il avantage ou perte?

C'est une question que bien souvent je me suis faite, et bien d'autres avant moi.

Après avoir donné à un animal d'engrais sa ration d'entretien et de production, 5k,55 pour 100 de son poids, et même au delà, doit-on chercher à satisfaire complétement et même exciter son appétit? Son estomac surchargé tirera-t-il aussi bien parti de tous les aliments qu'il contient, et, si ces aliments se composent de farineux, tourteau et même de bon foin, ne s'expose-t-on pas à se procurer d'excellents engrais, il est vrai, mais coûtant un peu cher?

C'est possible, et même, en théorie, je le crois, mais en pratique, toutes les fois qu'il s'agit d'animaux d'engrais, je pense qu'on ne doit pas l'admettre. Le juste milieu est trop difficile à saisir; en le cherchant on s'exposerait à diminuer la production du sujet, à le laisser stationnaire et, par conséquent, à perdre tout ou partie, en voulant trop gagner. Il n'y a que dans le cas où l'on emploierait des aliments extrêmement nutritifs, des farineux ou des tourteaux, je pense alors qu'il faut s'arrêter avant que l'animal commence à bouder sur sa nourriture; il doit la manger de suite et franchement, car, outre la crainte que l'animal n'assimile pas aussi parfaitement tous les principes nutritifs si son estomac est surchargé, il faut aussi redouter le dégoût et le manque d'appétit, qui sont une terrible chose quand ils résultent de l'emploi surabondant des farineux et des tourteaux.

J'ai vu des animaux de concours manger, à une époque donnée, 8k,750 de tourteau et 6 litres d'avoine aplatie: quelques mois après, au moment où l'on voulait les expédier sur Londres pour l'abattoir, il fut impossible de leur faire consommer plus de 5k,50 à 4 kilog. de tourteau et 1 à 2 litres de farine; encore y avait-il des jours où ils refusaient presque totalement.

Cependant on avait eu la précaution, immédiatement après le concours, de diminuer leur ration, et jamais ils n'avaient eu ni tourteau ni farine à discrétion et à leur disposition; quand ils ne mangeaient pas, on enlevait immédiatement, tant on redoutait le dégoût.

Pour les vaches laitières, je pense que l'on ne doit avoir qu'un but, celui de leur faire consommer le plus possible, surtout en aliments verts et aqueux; le dégoût pour elles est rarement à redouter, lorsque, du reste, elles aiment une nourriture; il est bon de la leur varier, mais sans secousse. Quant aux bêtes d'élevage, ce n'est pas la même chose; je suis complétement convaincu qu'il y a avantage à les rationner, et perte à les laisser manger à discrétion. On doit faire une démarcation bien sensible entre une bonne ration et une surabondante; cette dernière peut produire des effets, mais ils ne sont pas en rapport avec le surcroît de dépense.

Aussi chaque éleveur bien pénétré du prix exorbitant auquel lui revient le kilog. de graisse dans un jeune animal doit s'efforcer de trouver la ration strictement nécessaire à son développement, son succès pécuniaire en dépend.

Pour terminer, je citerai quatre exemples.

Une génisse pure durham,	âgée de	9 mois,	consomme	59 kilog.	turneps collet violet.
Une génisse pure angus,	—	11	—	67 —	turneps de Suède.
Une génisse croisée non définie,	—	1 an.	—	33 —	turn. jaune inférieur.
Une génisse — —	—	8 mois. —		31 —	turn. jaune inférieur.

On voit qu'il s'agit d'une différence de près de moitié; il faut compter en plus le tourteau donné aux deux premiers sujets cités et comparer le tout à une nourriture de qualité inférieure.

Il est certain que, comme état actuel, l'angus et le durham sont très-supérieurs; mais, en ne considérant pas la haute valeur de ces élèves comme reproducteurs, en les ramenant à l'âge de deux ou trois ans, au prix du kilo à la boucherie, je pense que l'avantage économique sera du côté des animaux qui, pendant leur élevage, n'ont reçu que le juste nécessaire à leur développement. L'avantage pécuniaire sera notable, d'autant plus que presque toujours ces animaux, élevés parcimonieusement, pourront s'engraisser avec des aliments relativement d'une qualité secondaire. Ainsi, par bien nourrir, même en parlant des veaux de lait, je n'ai voulu dire que juste le nécessaire, en ce qui concerne les animaux de commerce.

En France, on n'est guère exposé à heurter l'écueil que je viens de signaler, car il y a encore loin de là à la paille sèche qui compose exclusivement l'alimentation des taurailles, comme on les appelle dans une grande partie de notre pays.

Les nombreux cultivateurs qui nourrissent ainsi ne sont que trop bien persuadés que la livre de graisse de la bête d'élevage est bien chère; ce n'est pas pour eux que je parle.

On doit nourrir de façon à ce que l'animal, au moins de frais possible, puisse, le plus promptement et le plus complétement, atteindre tout son développement, c'est là le but; sans s'efforcer, pour les animaux qui ne sont pas reproducteurs, de corriger les imperfections de conformation naturelle par une nourriture abondante et choisie au point que son payement n'en soit pas assuré. Il est toujours facile de voir quand une jeune bête souffre par insuffisance de nourriture.

Chez M. Mac-Combie on rationne les bœufs d'engrais, mais c'est avec la conviction qu'ils ne peuvent manger davantage. C'est, du moins, ce que me disaient quelques bouviers; hélas! ce n'étaient pas les meilleurs. J'ai pu voir ici la différence d'un homme soigneux à celui qui ne l'est pas, ou qui n'a pas de goût pour son état. Je n'ai pas vu un seul bœuf rebelle à l'engraissement entrer dans l'étable d'un bouvier nommé John, sans que, quinze jours après, avec la même nourriture à sa disposition, il ne l'ait mis sur la route d'un progrès sensible ; mais lui connaît et aime ses animaux. Leur crèche est nettoyée à fond deux fois par jour. Tout ce qui peut dégoûter les bœufs est évité. Ils ne mangent de paille que juste l'indispensable. Ce bouvier sait forcer ses bœufs à temps, les diminuer et les augmenter ; il les étudie constamment, et ne se règle pas, comme les autres, sur la contenance de sa brouette, car c'est là ce qui m'a fait dire qu'on rationnait.

Toutes les attentions que prend John ne l'ont pas empêché de soigner trente bœufs, dont deux en box et quatorze dans une très-mauvaise étable, la plus incommode que je connaisse. J'ai vu d'autres bouviers donnant deux fois plus de paille, ne nettoyant jamais la mangeoire, donnant bien quelquefois moins, mais jamais plus que la contenance de leur brouette en turneps.

Les animaux, dégoûtés par l'odeur de ces navets fermentés et par une nourriture dont on ne savait pas leur varier la dose, ne faisaient pas le quart des progrès. Si l'on eût pu surveiller la mangeoire, peut-être cela ne serait-il pas arrivé. Aussi, quand on a un bon chef-bouvier, il y a tout avantage à lui choisir des aides de son goût, auxquels il ne craigne pas de parler et qui ne puissent se considérer comme ses égaux. Pour bien engraisser, il faut le vouloir et être intéressé à y réussir par quelques motifs, soit d'amour-propre, soit d'intérêt.

M. Mac-Combie, pendant mon séjour chez lui, a fait peu usage du tourteau et de la farine pour ses animaux d'engrais ; il trouvait que, l'année précédente, la grande quantité qu'il en avait donnée n'avait pas été payée et l'avait constitué en perte. Il ne fit donner du tourteau, de la farine d'orge ou de l'avoine qu'à un nombre très-restreint d'animaux ; ceux qui en reçurent de préférence dans les six dernières semaines furent les bêtes du commerce, qui ne paraissaient pas augmenter assez vite.

Comme je l'ai dit, c'est avant ou après la paille que l'on donne ce supplément. On est obligé d'agir ainsi, parce que beaucoup de bœufs ne mangent pas le tourteau et la farine avec avidité, surtout cette dernière ; cependant il est rare qu'un animal la refuse complétement. Qu'on donne cette provende le matin, que ce soit à deux heures ou le soir, on le considère ici comme indifférent ; l'essentiel, c'est que les animaux la mangent. Quant à la donner après les repas, lors même que les bœufs mangeraient le tourteau et la farine avec avidité, il y aurait, je crois, un inconvénient ; en effet, le repas n'est jamais terminé à heure fixe, une partie des bœufs se couche, l'autre reste debout. De deux choses l'une, ou les animaux se relèveraient à ce second pansage, ou resteraient à attendre, mangeant mal leurs turneps et s'inquiétant, si le tourteau et la farine étaient passés à l'état de friandise, comme chez quelques sujets que je connaissais.

L'usage de donner le tourteau et la farine avant le repas est général en Écosse, et je n'hésiterais pas à l'adopter. Pour la farine seulement, et lorsque les animaux la mangent mal, il y aurait avantage, je crois, à ne donner que la moitié de la ration à jeun et l'autre vers la fin du repas.

Les animaux rafraîchis par les turneps sentent le besoin de manger un peu de sec. Comme on donne la ration dans de petites boîtes portatives, rien ne serait plus simple comme de les ôter et de les rendre. Lorsque les bœufs refusent la farine, on peut essayer l'avoine aplatie ; c'est, d'après M. Mac-Combie, la meilleure forme de la faire consommer. D'après lui aussi, il n'y a point de raisons particulières pour donner à un bœuf de la farine plutôt que du tourteau, et réciproquement ; ce que je veux dire, c'est que, en ne considérant que l'animal lui-même, il n'y a point de circonstances autres que son goût qui portent à donner plutôt l'un que l'autre.

M. Mac-Combie m'a dit que, si l'on donnait plus souvent de la farine que du tourteau à des bœufs les mangeant également, ce n'était pas par économie, mais bien parce que la farine se prenait chez soi et que l'argent ne sortait pas de votre poche (ce faux calcul ne se fait que trop souvent). Quant à me dire quelle quantité de farine il fallait pour produire sur un animal le même effet qu'une quantité donnée de tourteau, il ne l'avait pas observé, mais qu'on ne pouvait rien faire de mieux que de donner tout à la fois grain et tourteau. D'après un homme pratique, l'on commencerait, avantageusement, par le tourteau, pour continuer par la farine. Quoi qu'il en soit, le principe sur lequel chacun s'accorde, c'est que l'on doit toujours aller par gradation, et ne jamais laisser une bête bouder sur sa nourriture. Si elle vient à refuser la farine, il faut donner ce que l'on peut de tourteau ou de tout autre aliment substantiel, mais il faut arrêter pour quelques jours, diminuer l'aliment refusé, en s'efforçant de le remplacer d'une façon équivalente. L'animal d'engrais doit toujours marcher en avant et ne jamais stationner. Souvent le changement d'un aliment substantiel à un autre produit le plus heureux effet, même lorsque la bête n'était pas dégoûtée du premier.

La ration la plus ordinaire de tourteau donnée à des bêtes de commerce est de 1 kilog. à $1^k,50$. On le brise au marteau en morceaux de $0^m,04$ à $0^m,05$ de côté; il ne doit avoir aucune odeur ni aucun goût de vieux, la casse doit être franche et fraîche, il faut le goûter et le tenir au sec; les animaux sont extrêmement difficiles à son sujet.

La ration de farine d'avoine que j'ai vu donner comme correspondante est de 4 à 5 litres; elle doit être fraîche et, elle aussi, sans odeur; j'en ai vu refuser à des bœufs qui avait peut-être deux mois, tandis qu'ils mangeaient bien celle qui était nouvellement venue du moulin.

Le tourteau de lin seul employé en Écosse revient à 27 fr. 50 c. les 100 kilog. Chaque tourteau pèse 3^k,500.

Cette répugnance, que montrent quelquefois les bœufs pour le tourteau, est une raison de plus pour les y habituer et leur en donner pendant qu'ils sont veaux, surtout dans le premier hiver, car il n'est plus guère temps de chercher à le faire deux mois avant le jour du marché.

Les bœufs en cours s'y habituent plus facilement; en tout l'exemple est contagieux.

L'avoine aplatie, considérée comme la meilleure manière de donner ce grain, pèse, le litre, ainsi préparée, 0^k,225.

Quoique toutes les personnes auxquelles je me suis adressé m'aient assuré qu'elles ne connaissaient pas le rapport nutritif entre le tourteau et les farineux, presque toutes me disaient qu'elles préféraient le tourteau à poids égal, mais que, si l'on en remplaçait une partie par des farineux, le mélange était très-supérieur.

Les uns soutiennent que la farine d'orge ou d'avoine pousse plus au suif et le tourteau plus à la croissance; d'autres me disent tout le contraire.

Un fermier de renom, du Nord, affirme que, pour engraisser, la farine d'orge à poids égal, comparée aux autres farineux, est ce qu'il y a de meilleur.

Un autre du sud de l'Écosse assure que la farine de fève, à égalité de poids, produit plus de graisse que le tourteau; il la donne sèche.

L'opinion d'un engraisseur du même comté est, au contraire, que la farine de fève pousse plus à la croissance que le tourteau, mais que, pour engraisser, le tourteau est supérieur.

Pour moi, cette division d'opinion me fait fortement présumer que la différence est bien peu sensible.

Sitôt que les turneps montent en tige, les bœufs cessent d'engraisser, et l'on doit s'estimer heureux s'ils ne dépérissent pas.

Les navets ne peuvent plus alors être employés utilement que pour les bœufs n'en ayant jamais mangé, c'est-à-dire ceux que l'on destine à l'herbe, et que l'on achète à cette époque, venant des montagnes plus au nord ou du Galloway. Après le 1ᵉʳ février, si l'on continue d'engraisser, il faut, à tout prix, mettre les turneps en silos. J'ai suivi, particulièrement, une bande de bœufs, déjà en état, qu'on préparait pour l'herbe de première qualité.

Sitôt que les turneps commencèrent à monter, les bœufs cessèrent d'augmenter, cela en vint même au point qu'ils commençaient à dépérir; lorsqu'on leur donna des turneps de la même pièce de terre et de la même qualité qui avaient été mis en silos, immédiatement on les vit reprendre et engraisser.

Dans le sud de l'Écosse, j'ai vu un fermier faisant fermenter la nourriture de ses bœufs d'engrais; c'était tout simplement de la paille hachée, mêlée à de la farine d'orge ou de fève; il préparait ce mélange douze heures d'avance, et donnait, en outre, beaucoup de tourteau. Il en était partisan au point de prétendre qu'en donner aux animaux destinés à aller au pâturage sans le leur continuer n'est pas nuisible. Je ne puis le croire.

Dans l'East-Lothian, tous les fermiers emploient une quantité énorme de tourteaux.

J'ai vu un engraisseur qui, pour terminer ses animaux à l'herbe, pendant les deux ou trois derniers mois, donnait de 1ᵏ,50 à 3 kilog. de tourteau : il le cassait en morceaux et le jetait sur la prairie. Il prétendait que si, en septembre et octobre, on ajoutait à cette ration des turneps blancs hâtifs, c'était le moment où les bœufs à l'herbage engraissaient le plus rapidement.

Dans le comté d'Ayr, j'ai vu engraisser à l'étable en juin ; le ray-grass d'Italie était la base de l'alimentation, puis l'on donnait un mélange de betteraves bouillies et de balles de grain ; on y ajoutait, avant de retirer, 2 kilog. de son et 1 kilog. de farine par tête de bétail ; de plus, on donnait sec 1^k,50 de tourteau, du moins c'est ce que l'on m'a assuré. J'ai vu un autre exemple d'engraissement dans le même comté, près Maybole ; les animaux étaient croisés durhams, ils n'avaient que 2 ans et devaient être vendus, à l'automne, soit vers 52 à 54 mois.

Ils étaient dans une stalle double et recevaient à satiété les mélanges suivants :

On coupait au hache-paille du ray-grass d'Italie vert, l'on y mêlait des balles de grain, de la farine de maïs ou de fèves, du tourteau pulvérisé, et l'on mélangeait le tout ensemble. Il entrait dans cette mixture 1 kilog. de farine et 500 grammes de tourteau par tête. Dans le milieu du jour, l'on donnait le ray-grass en son entier.

Les animaux d'élevage d'un an ne recevaient absolument que du ray-grass et de l'eau.

Dans une ferme anglaise, près de Cambridge, les animaux d'engrais mangeaient, en mars, du sainfoin haché avec un peu de paille, de la farine, du tourteau de lin (*fabrication anglaise et d'autre venant d'Amérique*), des betteraves passées au coupe-racine Gardner, le tout entièrement mélangé, et de l'eau. Je pense aussi qu'on donnait un peu de foin entier. On considère la pomme de terre crue comme la racine la plus propre à l'engraissement, mais elle peut être dangereuse ; il ne faut la donner que progressivement et ne pas dépasser 50 kilog. Le *turneps*, navet de Suède,

est ensuite mis, par tous les éleveurs, au-dessus de la betterave, que l'on cultive fort peu, sauf dans le sud de l'Angleterre ; il surpasse aussi toutes les variétés de turneps, et
on estime presque à un cinquième la différence.

Voir les tableaux de rations.

N° 1.   DEUX BŒUFS DE COMMERCE DE 3 ANS 10 MOIS
(très-mauvaises bêtes).

Décembre.	Paille d'avoine donnée à manger.	Reste.	Poids des turneps.	Reste.	TOTAL MANGÉ par jour.	
					Paille d'avoine.	Turneps.
	kil.	kil.	kil.	kil.	kil.	il.
Lundi matin....	4.50	2.000	62	4.50	»	»
— soir......	5.00	0.500	75	5.00	7.00	127
Mardi matin.......	4.50	»	72	7.00	»	»
— soir........	6.00	0.600	75	8.00	9.90	132
Mercredi matin....	3.50	0.200	78	»	»	»
— soir......	6.00	0.500	84	13.00	8.80	149

OBSERVATIONS. Ces turneps étaient de qualité secondaire,
avec beaucoup de feuilles ; leur poids moyen était de 1 kilo-
gramme et une fraction. Dans une journée précédente,
j'avais donné 127 kilogrammes ; tout avait été mangé.

L'un de ces bœufs pesait 620 kilog., et l'autre 570 kilog.,
système Quetelet. Ils étaient en box ; j'ai pesé la litière, et
20 kilog. de paille étaient indispensables par 24 heures
pour qu'elle fût à peu près convenable.

N° 2.   DEUX BŒUFS DE COMMERCE, L'UN 5 ANS, L'AUTRE 4 ANS.

Décembre.	Paille d'avoine donnée à manger.	Reste.	Poids des turneps.	Reste.	TOTAL MANGÉ par jour.	
					Paille d'avoine.	Turneps.
	kil.	kil.	kil.	kil.	kil.	kil.
Jeudi matin..	4.50	0.500	58	14.00	»	»
— soir....	8.50	1.500	70	3.00	11.00	111
Vendredi mat.	5.00	0.700	62	9.00	»	»
— soir.	8.00	1.000	100	4.00	11.30	149
Samedi matin.	5.00	0.300	68	9.00	»	»
— soir..	8.00	»	123	11.00	11.70	151
Dimanche mat.	5.00	0.180	98	33.00	»	»
— soir.	8.00	0.185	100	15.00	12.00	140
Lundi matin.	3.50	»	100	34.00	»	»
— soir...	8.00	»	111	7.50	»	169

Ces deux bœufs étaient dans la même stalle et attachés. 10 kilog. de litière pesée ont suffi par 24 heures. L'un pesait 720 kilog., l'autre 712 ; un de ces deux animaux augmentait d'une manière sensible. Comme bêtes d'engrais, c'étaient des animaux de deuxième qualité ; ils mangeaient des turneps jaunes communs avec feuilles. Le lundi soir, s'ils ont beaucoup plus mangé, c'est qu'il en a été apporté de nouveaux de qualité supérieure.

N° 3.   DEUX BŒUFS DE COMMERCE
(les mêmes que n° 2).

Janvier.	Poids des turneps.	Reste.	Total des turneps mangés par jour.
	kil.	kil.	kil.
Mercredi matin.......	92	20.00	172.00
— soir........	102	1.50	»
Jeudi matin..........	81	14.00	»
— soir...........	120	15.00	172.00
Vendredi matin.......	75	14.00	»
— soir........	120	7.50	173.50

Janvier.	Poids des turneps.	Reste.	Total des turneps mangés par jour.
	kil.	kil.	kil.
Samedi matin.........	70	15.00	»
— soir.	115	35.00	135.00
Dimanche matin......	54	pas ôté.	»
— soir........	120	8.00	166.00
Lundi matin..........	55	pas ôté.	»
— soir.	130	10.00	175.00

Lorsque je fis ce tableau, les bœufs mangeaient des navets de Suède sans feuilles. L'un de ces bœufs recevait 4 litres d'avoine moulue par jour, mais j'eus beau la lui présenter à toutes les heures de la journée, c'est à peine s'il y goûtait. Le jour où j'ai donné des turneps gelés, il a mangé 2 litres de farine d'avoine; je donnais ce qui restait à l'autre bœuf, qui était presque aussi difficile, si bien qu'à eux deux ils n'en mangeaient pas 5 litres par jour. Il était trop difficile de peser à mesure les restes de paille non mangée; j'ai donné un total de 65 kilog., il est resté 13^k,50.

Soit, par tête, une consommation de paille de 4^k,150.

Le samedi matin, j'ai donné des turneps gelés, le soir encore; alors les bœufs refusant de les manger, je leur ai distribué 6 kilog. de foin environ.

Le dimanche matin, j'ai encore donné des turneps gelés, et à midi il y en avait si peu de mangés, que je les ai laissés, c'est encore d'où provient la diminution; après, j'ai distribué les turneps dans de bonnes conditions.

Le jour où les turneps étaient gelés, les bœufs ont mangé 2 kilog. de plus de paille en moyenne.

J'avais entrepris cette dernière expérience pour savoir à quoi m'en tenir sur le dallage en briques (*voir* Étables). Avec ce système, 4 kilog. de litière sont suffisants par bœuf d'engrais, mais ils sont indispensables.

Voici, pour faire suite aux tableaux, des chiffres de rations vérifiées. Des galloways très-gras, pesant environ 900 kilog., recevaient chaque jour, par tête, en trois fois, 97ᵏ,500 de turneps wallows avec leurs feuilles.

Des bœufs croisés, dans une cour avec bâtiments attenants, se trouvaient au nombre de 12; ils pesaient, au cordon Quetelet, 1,008 kilog., 950 kilog., 855 kilog., 859 kilog., 940 kilog., 950 kilog., etc., et recevaient chacun, en deux repas, 118 kilog. de turneps gold-vallow sans feuilles et de première qualité; tout était constamment mangé; on leur donnait, en outre, de la paille d'avoine et 1ᵏ,50 de tourteau.

Autre exemple, un bœuf mangeait 95 kilog. de turneps.

La ration individuelle de la même bande de bœufs, citée plus haut et pesée quelques jours après, s'est élevée au poids de 125 kilog.

Dans une autre ferme, des bœufs entre 650 kilog. et 700 kilog. reçoivent 108 kilog. par tête.

Des bœufs maigres de 700 kilog. mangent, en feuilles et en racines, 102 kilog. Les feuilles sont pour moins de 1/6. Des galloways maigres de 700 kilog. reçoivent 90 kilog. de turneps inférieurs garnis de beaucoup de feuilles.

Des bœufs à l'engrais, mangeant des navets de Suède et pesant environ 600 kilog., recevaient, en deux repas, 72 kilog. sans feuilles. Ils en eussent bien consommé plus si on les leur eût donnés, et aussi si leur crèche, qui était tenue d'une façon pitoyable, eût été nettoyée.

Des petits bœufs d'hivernage de 500 à 550 kilog. recevaient 68 kilog. de turneps communs avec leurs feuilles.

Deux génisses de deux ans à l'engrais, pesant près de 400 kilog., étaient rationnées à 72 kilog. de turneps communs chacune.

Une génisse aussi à l'engrais, dans une autre ferme, recevait de 75 à 80 kilog. de turneps communs sans feuilles, plus 7ᵏ,50 de paille d'avoine pour nourriture et litière.

Il est d'usage, dans le nord de l'Écosse, d'engraisser beaucoup de génisses vers deux ans, c'est même ce qui alimente presque complétement la boucherie locale ; j'en parlerai à l'article Abattoir. Il est bien entendu qu'avec tous ces turneps l'on donnait de 4 à 5 kilog. de paille d'avoine pour manger.

Le poids des turneps communs sans feuilles était, pour une bonne récolte, de 1 kilog. en moyenne ; celui de leurs feuilles variait de 1/4 à moins de 1/7 du poids de la racine.

Des turneps pesant 600 grammes en moyenne avec leurs feuilles doivent être considérés comme très-mauvais.

Les turneps de Suède, en moyenne, pesaient 1ᵏ,500 sans les feuilles.

Tous ces chiffres, ainsi que ceux des tableaux, ont été pris avec la plus grande exactitude ; ils ne sont que le résultat de pesées répétées et vérifiées presque à chaque fois.

CHAPITRE IV.

Des bœufs (suite).

Conformation et choix du bœuf d'engrais. — De sa conduite en voyage.
— Vente à Londres.

Pour donner un exemple de la conformation à rechercher chez un bœuf d'engrais, je ne puis faire mieux que de
citer le modèle du bon bœuf maigre de commerce que m'a
décrit M. Mac-Combie.

NOTE SUR LE BÉTAIL ÉCOSSAIS OU CE QUE M. MAC-COMBIE
DE TILLYFOUR RECHERCHE ET ÉVITE PRINCIPALEMENT
DANS LE CHOIX D'UN ANIMAL D'ENGRAIS.

« Le noir est la couleur la plus à la mode, mais nous
« n'avons pas de meilleurs mangeurs et profitant mieux de
« la nourriture à proportion que les bœufs jaune foncé
« et clair. On peut en trouver de bons de toutes les robes,
« mais le brun à raies sur le dos et plus foncé à la partie
« postérieure de l'animal est la couleur la moins recher-
« chée par les meilleurs herbagers d'Essex et du Leicester
« (Angleterre).

« Ce qu'un connaisseur et un engraisseur de bœufs
« écossais désire trouver, c'est un animal ayant les jambes
« courtes et les os petits, un moelleux toucher, une moyenne
« épaisseur de peau, une grande quantité de bon poil co-
« tonneux et une construction symétrique approchant de
« la forme d'une *orange*, une grande profondeur de poi-
« trine, une encolure légère et bien proportionnée, une
« petite tête, un ventre arrondi. Il veut, en outre, qu'il ait
« les reins chargés de *muscles et bien attachés*; à l'arrière-
« train, une belle largeur de hanches en rapport avec celle
« des reins, une distance suffisante entre les hanches et la
« queue, et que tout cet intervalle soit bien garni de
« muscles et sans dépression. Il veut encore des cuisses
« descendant bas et bien développées, *un flanc petit et*
« *plein*, et que l'animal soit bon dans les parties; qu'il ait
« un arrière-train horizontal et recouvert d'une viande an-
« nonçant une bonne qualité.

« Ce qu'un connaisseur engraisseur désire éviter, et qui
« surtout lui déplaît, ce sont les animaux avec une tête
« énorme et grossière, ayant une encolure forte et un fa-
« non descendant, des jambes longues, des os volumineux,
« une poitrine étroite, un ventre levretté, un rein étroit
« et mal attaché, un flanc étendu. Il redoute encore les
« bœufs légers dans leurs cuisses, ayant la ligne vertébrale
« faible et se soutenant mal, trop larges ou trop étroits
« dans leurs hanches; tous les animaux ayant une peau
« très-épaisse, un poil dur et terne, et ceux musclés inéga-
« lement.

« WILLIAM MAC-COMBIE.

« Tillyfour, 17 décembre 1858. »

Outre le portrait que je viens de citer, M. Mac-Combie a
encore insisté bien souvent sur d'autres points.

Tout bon animal maigre doit avoir les reins larges et forts. Il doit être également musclé par tout le corps.

On doit rejeter les bœufs efflanqués et qui ont la région des hypocondres trop large, ceux à poitrine *haute* et étroite à son sommet, par rapport au reste du tronc ; enfin les animaux présentant un caractère général d'étroitesse dans tout l'ensemble du corps.

La dernière recommandation que m'a faite M. Mac-Combie, et sur laquelle il a beaucoup insisté, c'est de faire la plus grande attention à l'air, à l'attitude, à l'expression de la tête d'un bœuf ; ce signe, lorsqu'il est bon, trompe rarement.

La douceur doit frapper.

J'ai remarqué que, lorsque la couleur d'un animal change de nuance, il est dans les meilleures conditions possibles pour être poussé. On peut tirer aussi un excellent indice du changement de l'état du poil et de la peau.

C'est par ces signes qu'un animal qui, jusque-là, a résisté à tous les efforts annonce qu'il va engraisser et croître ; j'en ai vu trois exemples frappants.

Il faut se méfier des bœufs à poil par trop soyeux, mou et sans consistance. Depuis, j'ai renouvelé bien des fois la même observation ; ces animaux s'engraissent plus difficilement.

Je crois aussi avoir des raisons pour ne pas aimer le poil trop dur, ainsi que celui trop couché et trop fin, sans élasticité et sans nerf.

M. Mac-Combie n'aime pas le poil d'un veau long, couché et roide ; souvent il se modifie, mais c'est, malgré cela, un mauvais signe.

Il faut toujours faire la plus grande attention à la façon dont un animal est culotté, surtout à la descente de l'entre-deux, qui doit être la plus exagérée possible, et l'animal, si

maigre qu'il soit, ne doit être ni plat ni étroit dans ces
parties.

On doit considérer aussi soigneusement le mode d'insertion des côtes chez le bœuf; il ne les faut ni trop rondes ni
trop plates

Les bœufs farouches ou méchants sont rarement de
bonnes bêtes d'engrais; la première chose est de les isoler
complétement et de les mettre dans l'obscurité. C'est en
prenant ces précautions que j'ai vu quelques-uns de ces
animaux, du reste de bonne construction, engraisser. Ils
étaient restés pendant cinq mois sans augmenter, étant trop
dans le passage; sitôt qu'ils entendaient ou voyaient quel-
qu'un, ils se levaient en sursaut. La peur et l'inquiétude
sont contagieuses; il suffit ordinairement que dans une
stalle un bœuf ait cette disposition pour que son compa-
gnon la prenne.

Il faut se méfier des animaux à air inquiet : c'est au moment où ils paraissent le plus tranquilles qu'ils vont frapper,
souvent par crainte. Les animaux qui tremblent sont dans
la même catégorie.

Du reste, tous les bœufs à tête inquiète, éveillée, à air
farouche, méchant, craintif doivent être rejetés autant que
possible.

Lorsque l'on veut amener des bœufs au fin-gras, il faut
absolument faire un choix dans la bande, sans cela l'on
perdra souvent sur une partie du lot ce que l'on gagnera
sur l'autre.

Lorsque des bœufs de commerce sont très-gras, on doit
les vendre, car il faut une alimentation très-dispendieuse
pour les pousser plus loin, ou bien ils restent stationnaires;
j'en ai un exemple très-frappant.

Deux bœufs de travail ne sont plus reconnaissables après
trois mois d'herbe. Je serais disposé à croire que les ani-

maux, dans cette condition, ont plus de propension à s'engraisser vite que ceux qui n'ont pas travaillé, à cause du bien-être qu'ils ressentent; c'est une expérience que j'aurais suivie, assurément, si j'avais eu une bascule.

Ce qu'il y a de sûr, c'est que les bœufs ayant travaillé trois ou quatre ans engraissent très-bien, soit à l'étable, soit à l'herbe.

Seulement presque tous ont peu de paleron, et les côtes peu couvertes de chair, à l'endroit dit côtes couvertes, en terme de boucherie.

Ce n'est que la très-petite minorité des bœufs qui travaillent en Écosse deux ou quatre par ferme, jamais plus; ils travaillent neuf heures.

Quelquefois on les relaye, on en prend une paire le matin et une à midi; chacune travaille cinq heures, mais c'est la minorité des cas. J'ai vu aussi trois bœufs destinés au service d'une même charrue; comme ils travaillent au collier, l'appareillement est beaucoup moins difficile, et il y a toujours un bœuf qui reste à se reposer. Dans ce cas encore, l'attelage travaille dix heures.

L'avantage le plus marqué du bœuf attelé au collier écossais, c'est que, dans les petites fermes, on peut faire travailler simultanément un bœuf et un cheval de front.

Tous les attelages que j'ai vus ainsi m'ont paru aller très-bien et sans présenter le moindre inconvénient. Le collier, ses accessoires et la muserolle en fer coûtent, en Écosse, 26 fr. 60.

Un bon bœuf de travail, de 700 à 750 kilogr., vaut, en général, 500 fr. J'en ai vu vendre un, après six mois d'engraissement, 950 fr., à Londres; peu de bœufs de quatre ans, n'ayant jamais travaillé, atteignent ce prix; celui-ci avait cinq ans et avait travaillé deux ans.

M. Mac-Combie considère d'abord dans un bœuf toutes

les parties les plus importantes pour fournir de la viande à rôtir. Il n'aime pas les bêtes à grand fanon ni à tête de taureau; d'après lui, elles sont difficiles à engraisser.

Il veut des bœufs à large garrot, mais avec une poitrine *pas trop haute.*

Il aime beaucoup les bœufs à gros ventre bien soutenu, non pendant.

M. Mac-Combie a particulièrement insisté sur la conformation suivante, dite, dans le pays, *laery.* Les bœufs à croupe arrondie, ayant souvent deux raies et se rapprochant, pour la conformation, de celle du cheval, n'engraissent jamais bien. Ils manquent de maniements au grasset et à l'ischion; du reste, ils peuvent paraître assez bien musclés.

M. Mac-Combie les évite avec grand soin, et j'ai été bien des fois à même de vérifier l'importance de cette observation.

Je suis tout porté à croire que les maniements du cordon et du grasset indiquent le suif.

J'ai vu des animaux paraissant très-maigres et les avoir bons, j'en ai vu d'autres beaucoup plus gras en apparence et en manquer; il faut toujours regarder, et surtout bien tâter. M. Mac-Combie veut, chez un bon bœuf d'engrais, les hanches proportionnées et pas trop écartées; il n'aime pas la croupe dont la forme se rapproche de celle du mulet.

Je crois qu'en voyant la tête seule de bœufs maigres d'une race que l'on a suivie on peut deviner tous ceux ayant de la disposition à l'engraissement.

Les bons ont toujours les naseaux et le mufle très-grands, les yeux doux et ouverts, le front creux, la tête large, enfin un aspect dans toute la tête qu'il est difficile de définir, mais qu'on apprend bien vite à reconnaître.

Il faut se méfier fortement encore des têtes en pain de sucre, camuses, et surtout de celles à chanfrein étroit; il en est de même des têtes longues et busquées.

Les bœufs dont le ventre tombe peu, qui paraissent même levrettés, mais avec un large dessus et un petit flanc, peuvent être très-bons ; il faut les tâter, et cependant s'en défier.

Je ne me l'explique pas, mais les cornes rabattues, contournées irrégulièrement, petites ou grosses, se trouvent toujours sur des animaux engraissant parfaitement. Je ne me rappelle pas avoir vu une seule bête mal cornée d'un engraissement difficile.

Un gros train de derrière, large, osseux (c'est une carrure particulière), la queue renfoncée, les os proéminents, sont un très-mauvais signe, surtout lorsqu'il est uni à un ventre levretté.

J'ai remarqué bien souvent que des bœufs paraissant extrêmement musclés aux reins, mais les ayant étroits et un flanc d'une étendue et d'un flasque qu'on ne devait pas attendre avec des reins semblables, manquaient de maniement au grasset.

Pour tout dire, rien ne peut remplacer le coup d'œil, l'observation, l'expérience de la race sur laquelle on opère.

Le changement de place et de nourriture fait énormément dans la pratique de l'engraissement. J'ai vu des bœufs ne faisant rien au pâturage augmenter d'une façon extraordinaire en mangeant seulement des turneps communs; d'autres ne pas en profiter encore et ne commencer à engraisser qu'en mangeant des navets de Suède, qui, du reste, comme je l'ai dit, sont considérés par tous les éleveurs comme la racine d'engrais par excellence.

Lorsque les bœufs sont en bonne voie, l'appréciation du progrès sur un grand nombre devient sensible de huit jours en huit jours.

Après les deux premiers mois d'herbe, c'est au moment de la mise aux turneps que l'engraissement avance le plus sensiblement.

Un poil épais, cotonneux ou frisé, élastique, est un très-bon signe.

Un bœuf, d'après M. Mae-Combie, augmente de 21^k,250 par mois, ou de 0^k,708 par jour.

D'après un autre engraisseur, un bœuf de commerce augmente de 101 kilog. en six mois, soit de 16^k,830 de viande par mois.

J'ai vu engraisser des angus purs, des galloways, mais surtout des croisés durhams de tous degrés et mélangés avec toutes les races.

Je n'ai pas trouvé un seul engraisseur, en Écosse, partisan du durham ou de l'angus, qui ne m'ait dit que, sans aucun doute, le meilleur animal pour la boucherie était le résultat du premier et du second croisement durham avec une vache du pays, mais surtout avec l'angus pur et le west-highland. Ce dernier croisement est peut-être encore préférable; je n'ai jamais vu de sujets si précoces, ayant d'aussi bonnes dispositions à l'engraissement que ceux provenant de ce croisement. Un grand nombre d'engraisseurs entretiennent des vaches pures west-highlands uniquement dans ce but.

Les produits de ces croisements durhams ont une grande disposition à l'engraissement; ils assimilent parfaitement la nourriture, et, pour une quantité donnée, ils produisent plus de viande. Ces bœufs croisés sont parfaitement musclés, la chair est d'une épaisseur uniforme; on ne trouve pas çà et là sur eux ces loupes de graisse qui déprécient la viande du pur durham. De plus, ils ont, en général, tous les signes d'un animal très-bien conformé: ils empruntent du durham tout ce qu'il a de bon, sans lui emprunter ses imperfections; et, malgré tous ces avantages, il m'a semblé qu'on l'avouait peu en public, car il s'agissait de dire que le croisé est supérieur à un pur durham ou à un pur angus, et c'est dur.

Comme l'on doit s'attacher, avant tout, à produire des animaux ayant une grande disposition à s'engraisser, assimilant bien les aliments et précoces, que ce triple but est rempli facilement, rapidement et économiquement par le taureau pur durham, je pense qu'on ne peut trop engager à l'employer.

Lorsque les animaux paraissent suffisamment gras, ou que, pour toute autre raison, on veut les expédier sur Londres, voici les précautions que j'ai vu prendre :

M. Mac-Combie, à dater de novembre, faisait partir un lot de 10 animaux toutes les semaines ; à Noël, je lui en ai vu expédier 45 d'une seule fois.

Six jours avant le départ, comme préparation au voyage, l'on fait prendre deux heures d'exercice à ces bœufs dans une grande prairie; on laisse un jour d'intervalle entre chaque promenade.

M. Mac-Combie n'a jamais perdu un bœuf dans le trajet d'Aberdeen à Londres, et il l'attribue à cette pratique. Deux ou trois jours avant le départ, on diminue la ration des turneps, mais on augmente le tourteau, si l'on a l'habitude d'en donner.

Le matin du départ, on ne distribue que quelques turneps et même souvent on les supprime ; on les remplace par une gerbe d'avoine non battue et du foin si l'on en a.

Je tiens les renseignements qui vont suivre de l'homme qui conduit tous les bœufs de M. Mac-Combie, et qui n'a pas d'autre occupation ; il s'en acquitte avec un succès remarquable.

En général, il faut partir matin, surtout en été, vers trois ou quatre heures.

On fait d'une seule traite tout le chemin que l'on se propose de parcourir ; ce qui équivaut, le plus souvent, à une marche de sept ou huit heures. Il faut partir vite si l'on doit aller vite, et lentement si l'on veut aller lentement. Les bœufs se forment tout de suite à l'allure sans qu'il soit besoin de les frapper.

Je suis allé conduire des bœufs avec cet homme; la veille, il les avait fait mettre dans une prairie naturelle, haute et sèche, car il considère, comme étant dans une très-mauvaise condition pour voyager, des animaux qui sortent d'une prairie artificielle tendre. Nous avions à peine fait 2 kilomètres, qu'il s'arrêta plus d'une demi-heure sur un terrain inculte, où se trouvaient de la flouve, de l'agrostis, de la bruyère et du genêt, disant que cette nourriture tiendrait parfaitement dans l'estomac des bœufs. Il stationnait à tous les carrefours pour laisser ses bêtes pâturer; il fait de même à toutes les sources, et, lorsqu'il trouve de bonne eau, il s'arrête longtemps, parce que les bœufs aiment à boire à plusieurs reprises.

Lorsqu'il voit deux bœufs luttant, rarement il cherche à les séparer; il y a moins de danger à les laisser faire. Il n'en est pas de même lorsqu'ils montent les uns sur les autres; là, il n'épargne pas le bâton qu'il porte toujours long et flexible.

Le soir, en arrivant dans l'auberge, il fait donner à chaque bœuf 6 kilogr. de foin, jamais plus; il paye cette quantité environ 60 c., et 10 c. pour le logement ou l'attache.

Un conducteur fait trois repas qui lui reviennent environ à 3 fr.; on ne lui fait pas payer son lit; il prend un gamin pour passer les villes, et, d'après mon auteur, un homme seul, sans chien, peut mener de 20 à 30 bœufs. Je crois qu'en France la police interdit à un homme de mener plus de 16 bœufs; il n'est cependant pas plus difficile d'en mener vingt que d'en mener cinq.

C'est cette manière de voyager en s'arrêtant un peu partout, qui explique comment les 6 kilogr. de foin suffisent à chaque bœuf. L'homme de M. Mac-Combie en a fait voyager des bandes plus d'un mois à ce régime, et ce que je puis assurer, c'est que gras ou maigres, après la plus longue route, on retrouve les bœufs dans le même état que lorsqu'on les lui a confiés.

Si les bœufs sont maigres et bien à pied, l'on peut faire à l'heure $3^k,200$.

Avec des bœufs gras, on ne doit pas dépasser 2 kilom.

Lorsqu'on part pour une longue route, le premier jour, 12 à 16 kilom. sont un maximum, même pour des bœufs maigres.

Plus tard, lorsque les animaux vont bien, on peut faire jusqu'à 25 et 26 kilom.; le conducteur qui m'a donné ces renseignements a fait une fois 48 kilom., mais c'est beaucoup trop. Il a encore atteint, cette année, une fois, 40 kilom.

Lorsque les bœufs étaient destinés pour Londres, on les mettait au bateau à vapeur ou au chemin de fer; il y a des écuries pour recevoir les animaux en attendant le chargement.

Lorsqu'on veut charger des bœufs sur un waggon, on amène les 6 ou 8 qui doivent le remplir; le chemin est bordé de fortes lisses en bois, et, vingt pas avant d'arriver, on cherche à les lancer par des cris et des coups, etc.; quelquefois les animaux se casent tout d'un coup, mais, lorsqu'on les a manqués une première fois, ils sont fort difficiles à faire entrer.

Il faut éviter de frapper avec de forts bâtons, la marque reste sur la viande; lorsque les bœufs sont à moitié entrés, il vaut mieux tordre la queue à son insertion, ceux du pays y sont du reste habitués; on les fait fort bien se ranger à gauche, à droite, et avancer par ce moyen.

Dans un waggon de $4^m,90$ sur $2^m,40$, j'ai vu mettre 9 petites vaches ordinaires de 550 kilogr. environ.

Dans un autre de 4^m,85 sur 2^m,40, 7 bœufs de 800 kilogr. ont pu y entrer.

Ces waggons sont planchéiés en madriers ronds et couverts de sciure de bois, pour éviter les glissades. Lorsque M. Mac-Combie s'en sert pour le transport de son bétail maigre, il les fait parfaitement racler, même minutieusement, et laver au chlore et à la chaux, de peur de la péripneumonie.

Les bœufs ne sont point attachés dans ces waggons, dont un grand nombre ne sont pas couverts. Les animaux y restent pendant tout le trajet d'Aberdeen à Londres, c'est-à-dire le plus souvent soixante-douze heures, sans recevoir la moindre nourriture. En arrivant à Londres, on les met dans les étables du chemin de fer, en attendant qu'on vienne les chercher, car les bœufs voyagent sans conducteurs.

Lorsque le jour du marché arrive, le commissionnaire les vend et immédiatement rend compte des résultats à l'expéditeur.

Voici un compte d'expédition d'Aberdeen à Londres par le chemin de fer. On loue tant par waggon.

VENTE.

8 bœufs vendus. . . . . 7,150 fr.
Soit, par tête, 893 fr. 75 c.

DÉPENSE.

La dépense, par tête, s'est montée à :
Frais de vente, commission, etc. . . . . . . 5 f. 53 c.
Nourriture pendant 6 jours (3 jours sans
manger). 3 12
Chemin de fer, trajet de 800 kilom. 40 85

Total. . . . . 49 f. 50 c.

Soit à 5 f. 52 0/0.

Ces bœufs, partis le mercredi d'Aberdeen, furent vendus seulement le lundi suivant.

M. Mac-Combie expédiait aussi beaucoup d'animaux d'Aberdéen à Londres par le bateau à vapeur.

Les bœufs étaient mieux lorsque la traversée était bonne, parce qu'ils avaient du foin et de l'eau à discrétion. Les animaux, partant le mardi soir le plus souvent, étaient vendus le lundi suivant.

Voici le résultat d'une vente d'animaux envoyés par le bateau à vapeur.

12 bœufs plus petits que les précédents ont été vendus 9,450 fr., ou, par tête, 787 fr. 50 c.

Le droit de commissionnaire a été de 3 fr. 60 par bœuf.

La dépense par tête s'est montée à :

Commission, frais divers.	5 f. 56 c.
Nourriture.	5 12
Bateau.	34 48
Total.	43 f. 16 c.

ou 5 fr. 48 0/0.

J'ai vu des ventes où la dépense s'élevait à 5 fr. 90 0/0, et une d'animaux envoyés de Liverpool par le chemin de fer, qui monta à 6 fr. 22 0/0. Mais dans cette ville les frais de commission sont fixés à 1 fr. 65 0/0, tandis qu'à Londres c'est seulement 3 fr. 60 par tête, ce qui est infiniment moins cher. A Edimbourg, 1 fr. 20 0/0 est le droit de commission.

Lorsque les animaux ne sont pas vendus, les commissionnaires comptent la nourriture à 1 fr. 20 par jour; ils mettent les bœufs dans des herbages ou les gardent à l'étable suivant la saison.

Ce cas ne s'est pas présenté une seule fois pendant tout mon séjour chez M. Mac-Combie.

Cette vente par commission est, sans contredit, le mode le plus commode ; tous les engraisseurs du nord de l'Écosse s'en servent. Ces commissionnaires sont souvent des fermiers des environs de Londres ; ils mènent les bœufs sur le marché, remplacent le propriétaire , et l'on n'a pas d'autre garantie que la crainte qu'ils peuvent avoir d'être changés, ce qui arrive quelquefois.

J'ai bien fait attention, au moment du départ des bœufs d'Aberdeen pour le grand marché de Noël à Londres , j'ai vu une quantité énorme de bœufs ; presque tous allaient avoir quatre ans sous peu de mois.

Du reste, la plupart des éleveurs et des bouchers affirment qu'on ne peut guère avoir de viande vraiment faite et de première qualité avant cet âge.

Les bons bouchers savent très-bien vous dire que ceux d'entre eux qui se respectent n'abattent que des bœufs âgés de 3 à 4 ans, et laissent aux bouchers des campagnes le soin de tuer des génisses de 18 mois à 3 ans ; c'est peut-être un tort, car la viande en est très-bonne pour rôtir, et surtout pour beefsteak ; je puis en parler, n'ayant pas mangé autre chose pendant plus d'un an ; mais dans ce cas, je préfère l'aloyau au filet, il a plus de saveur.

La viande de ces génisses est souvent mollasse et d'une couleur pâle qu'il me serait facile de reconnaître ; le bouillon que j'ai essayé d'en faire m'en a paru inférieur ; malgré cela, à tout prendre, c'est infiniment préférable au veau de 8 à 15 jours et à la vieille vache, que l'on abat exclusivement dans les campagnes de France. Les génisses livrées à la boucherie n'ont pas été saillies ; elles ne reçoivent jamais ni tourteau ni farine, l'herbe et les turneps font tous les frais de leur engraissement.

Un grand nombre sont tuées à Aberdeen, puis expédiées sur Londres coupées en deux et empaquetées dans des toiles. Ce commerce est même fait sur une très-grande échelle.

J'ai suivi les travaux de la boucherie d'un étal d'Aberdeen qui passait pour le plus considérable et le mieux monté.

On abattait en moyenne 7 bœufs par jour et souvent 14, la plupart étaient empaquetés pour Londres; ils avaient tous 4 ans.

On abat à la hache, l'on saigne *sans se presser*; j'ai même vu, pour épargner du temps, amener deux bêtes à la fois et attacher la seconde à la porte, tandis qu'on tuait l'autre. (L'écurie était à deux pas.)

J'ai vu aussi enfermés sous les planches d'un étal de boucher en pleine rue d'une petite ville anglaise, et sans doute pour plusieurs jours, des moutons qui, du reste, paraissaient peu gais.

Ce ne sont cependant pas les sociétés protectrices qui manquent.

Sitôt que le bœuf est saigné, on lui coupe les cornes, on le dépouille à moitié, puis on commence *à l'élever* de terre. On le vide en laissant les rognons, c'est-à-dire le suif seul. C'est ainsi que l'on pèse les quatre quartiers.

Les bouchers tranchent entièrement à la hache la colonne vertébrale, de façon qu'avec un couteau l'on puisse séparer les deux moitiés. On m'a montré, sur un animal dépouillé, des espèces d'ulcères qui, prétend-on, auraient disparu si l'animal avait été étrillé.

Lorsqu'on veut séparer une moitié de bœuf en deux, on coupe le quartier de devant au-dessus de la cinquième côte, à la naissance du diaphragme.

Le quartier de derrière est à celui de devant comme 5 est à 3.

Les moutons sont fendus comme les bœufs, seulement on leur laisse la tête sans la dépouiller; mais elle ne tient à presque rien.

Les bouchers m'ont assuré que les black-faceds, que l'on ne tue guère avant quatre ans, et les cheviots-dishleys de deux ans, pesaient ordinairement de 70 à 80 livres anglaises. J'ai vu peser un mouton qui donna un total de 82 livres anglaises, soit 40 kilog. de viande nette. C'était un très-bel animal au-dessus de la moyenne.

Le boucher, ordinairement, en découpant les moutons, enlève les deux gigots, mais laisse la queue.

La livre de viande anglaise (0,453 gr.) se vendait, à Aberdeen, 8 pence, soit 0,80 c. toute la culotte, moins les jarrets et tout ce qui peut être rôti, jusqu'à la sixième avant-dernière côte.

Le reste du quartier se vend 7 pence (0,70 c.). Dans le quartier de devant, les parties propres à rôtir valaient 6 pence (0,60 c.). Le collier et le reste du quartier étaient payés 5 pence (0,50 c.).

Dans le bœuf, l'avant-bras, le gîte et le pis étaient vendus 4 pence (0,40 c.).

Pour la qualité, on préfère la viande d'un bœuf qui est un peu jaune à celle qui est blanche.

Les bouchers sont d'accord pour dire qu'il ne faut pas tuer trop gras ; ils trouvent plus difficilement le débit des morceaux de second ordre, qui leur reviennent plus cher et qu'ils ne peuvent vendre. Les bouchers de Londres, d'après M. Mac-Combie, quand ils examinent un bœuf, soulèvent la queue pour mieux juger de la culotte, puis manient le grasset, les hanches, les côtes, le paleron, la poitrine, explorent les abords et le cordon au retour, se placent par-derrière et font leur prix.

Il me semble qu'il est important de bien explorer le maniement de la poitrine pour apprécier sur pied l'état de graisse d'un animal.

Lorsqu'on examine un bœuf à l'étable, M. Mac-Combie

m'a engagé à aller à sa tête et à embrasser sa poitrine ; il prétend que, lorsqu'on a un peu l'habitude, on apprécie ensuite plus facilement le poids de l'animal.

Tous les bœufs de deux ans que M. Mac-Combie achète en mars, pour charger ses herbages inférieurs, sont payés de 300 à 450 fr. Mais la moyenne d'achat la plus usuelle est entre 350 et 400 fr.

Ces bœufs, qu'il garde vingt mois le plus habituellement, sont revendus en moyenne 750 à 900 fr., quelquefois plus, suivant le cours. La moyenne de vente pour 1858 a été de 800 fr.; quelques bêtes rares ont dépassé 1,000 fr.

La plupart des bœufs gardés huit mois, et même moins, par les engraisseurs d'Écosse, achetés de 500 à 600 fr., sont revendus de 700 à 800 fr.

En général, on peut compter sur une différence de 200 fr. sur le prix d'un bœuf d'engrais, du mois de mai au mois de novembre ; mais le bien-acheté et le bon choix des animaux jouent un grand rôle dans le succès.

Ainsi la nourriture d'un bœuf à l'herbage, du 15 mai au 18 septembre, peut être évaluée de 60 à 75 fr. et même plus.

L'hectare de turneps yallows se vend dans le pays, en bonne qualité, presque toujours 500 fr. ; on peut à peu près compter sur 40,000 kilog. de racines.

Un bœuf, en soixante jours, en mangera près de 6,000 kilog., soit pour 75 fr.; en ajoutant les 60 fr. d'herbage, on arrive à 135 fr. Si on défalque encore les frais d'expédition à Londres, on verra que les engraisseurs qui louent des herbages et achètent des turneps doivent y regarder de bien près pour s'y retrouver.

CHAPITRE V.

Bœufs de concours.

Après avoir vu tous les soins minutieux que ces animaux nécessitent, je crois devoir dire que toute personne qui n'a pas un bouvier sur lequel elle puisse entièrement compter ne doit même pas essayer d'engraisser des bœufs de concours ; la surveillance pour une opération aussi délicate, surtout lorsqu'il faut combattre des compétiteurs sérieux, est tout à fait insuffisante. Il faut un bouvier parfaitement obéissant ; avant tout, observateur, doux et aimant ses animaux ; il doit être, en outre, intelligent, actif, d'une exactitude parfaite, enfin ayant la volonté de réussir, et complétement devoué à ses devoirs.

Au commencement de la préparation des animaux, la chose marche toute seule ; mais il n'en est pas de même à la fin de l'engraissement ; c'est là que le bouvier a besoin de tout son talent.

L'élevage est le même pour tous les animaux de concours, et tel que je l'ai rapporté à l'article VEAUX. Pour les bouvillons, outre la conformation de rectitude que tout le monde connaît, M. Mac-Combie était pleinement satisfait lorsqu'il trouvait ces jeunes animaux avec un ventre bien descendu et bien soutenu ; un poil cotonneux et souple, une bonne peau et une tête douce annonçant toutes les dispositions à l'engraissement. Ces caractères sont très-difficiles à définir d'une manière utile ; rien ne peut remplacer l'expérience, le coup d'œil et le don d'observation que tout le monde ne possède pas.

Pendant le premier hiver, voici la ration des bouvillons élevés dans l'espoir de les exposer, à deux et trois ans, comme bœufs de boucherie.

On leur donnait en octobre, dès leur rentrée de pâturage, 1 kilog. de tourteau, et, dans le courant de l'hiver, on ne dépassait pas 1 kilog. 50. Le turneps yallow leur était donné jusqu'en décembre sans feuilles.

A partir de ce moment, on le remplaçait par le navet de Suède, qu'on coupait en grosses tranches.

Le 4 février, deux de ces bouvillons ayant, l'un dix et l'autre onze mois, ont mangé chacun 55 kilog. de navets de Suède sans feuilles, et 1 kilog. 50 de tourteau. J'ai pesé seulement ce jour-là ; mais je puis affirmer que c'était leur ration habituelle. Vers le 15 mai, on met à l'herbe ces jeunes bêtes pour la seconde fois ; on rentre en septembre suivant, c'est alors le moment où l'on commence l'engraissement régulier sur les animaux qui continuent à donner de l'espoir.

Jusque-là ils avaient été attachés pendant leur séjour à l'étable, maintenant on les met en box, on leur donne, deux fois par jour, à des heures parfaitement régulières, les meilleurs turneps que l'on possède, choisis d'abord parmi les communs, puis, vers décembre, on les remplace par ceux de Suède.

On met généralement en silos les turneps que l'on destine à ces bœufs, afin de ne jamais être forcé de les leur donner gelés ou mouillés ; on commence par distribuer 2 à 3 kilog. de tourteau en deux repas, et l'on augmente progressivement, en se basant sur la manière dont l'animal prend du poids , et sur le temps que l'on a devant soi. Les animaux poussés vigoureusement sont assez sujets à avoir quelques dartres et à perdre leur poil par plaques. On frotte la partie dénudée tous les jours avec de l'huile, puis, lorsque le poil se dispose à repousser, on remplace l'huile par une pommade composée de graisse de porc et de bouchon brûlé. L'huile est fort bonne aussi pour toutes les crevasses, gerçures, etc.

On est quelquefois obligé de remettre les animaux plus à l'air, pour favoriser la croissance du poil ; j'ai même vu un bœuf de deux ans, qui ne put être guéri qu'à la pâture. Comme on ne continua pas de lui donner du tourteau dans la prairie, il dépérit beaucoup ; mais, sitôt rentré, il eut bientôt rattrapé le temps perdu. On éleva progressivement sa ration jusqu'à 7 kilog. de tourteau et à 6 litres d'avoine aplatie. Les 7 kilog. de tourteau étaient donnés, moitié à six heures du matin, moitié à six heures du soir. Il recevait l'avoine à midi. On donnait du trèfle en vert et du foin dans les commencements; à mesure que l'exposition approchait, l'on diminua le trèfle, ou du moins on le donna un peu fané.

On n'excite point ces animaux à boire ; mais on tient à leur portée de l'eau claire tout le temps où ils ne mangent pas de turneps; jamais on ne donne ni eau blanche ni grains bouillis.

Après l'exposition, les animaux que l'on garda pour figurer à trois ans furent remis en box; mais on leur diminua leur tourteau et leur grain, surtout dans la crainte que le dégoût ne survînt. On ne leur donna guère plus de 4 kilog. de tourteau et 3 litres d'avoine.

Un bœuf de trois ans reçut les mêmes soins que le précédent. D'octobre à mai, il n'avait fait que deux repas par jour; de mai à octobre, on lui en fit faire trois.

Pour cet animal on prolongea les navets de Suède aussi longtemps que possible, jusqu'en juin, c'est-à-dire jusqu'à ce que le trèfle fût bien en fleur et pas trop tendre. On lui donnait près de 4 kilog. de tourteau habituellement; dans le mois qui précéda l'exposition, on parvint à lui faire consommer assez régulièrement $8^k,750$ en deux repas et 6 litres d'avoine en farine; ce fut pour arriver là que les soins furent nécessaires, car ce bœuf mangeait du tourteau depuis sa naissance, et il fallait ne pas le dégoûter. J'ai vu cet animal refuser obstinément de la farine ou de l'avoine aplatie pendant un certain temps et manger le tourteau ; un mois après, c'était le contraire. Souvent je vis supprimer à ce bœuf presque complétement et même complétement le tourteau et la farine lorsqu'il paraissait vouloir les bouder; le lendemain il mangeait un peu mieux : l'attention et les soins peuvent seuls indiquer comment gouverner ces animaux.

Pendant les deux mois qui précédèrent le concours, tous les jours les bœufs étaient étrillés et brossés; de plus, on leur lissait le poil et l'on finissait d'enlever la poussière avec un linge humide. Trois fois avant l'exposition l'on savonna chaque animal à fond : l'on étend d'abord le savon vert à sec avec la paume de la main, puis avec une brosse que l'on trempe dans l'eau chaude l'on fait mousser fortement; enfin on lave à grande eau; mais l'essentiel est de bien sécher les animaux immédiatement après avec du linge sec. Une autre toilette avant le concours est celle de la corne des pieds. Autant que possible, pour cette opération, il faut mettre les animaux à un travail, c'est ce qu'il y a de moins dangereux.

Tout le talent dans l'engraissement des bœufs de concours consiste à les forcer, jusqu'à la dernière limite, sans les dégoûter, surtout lorsqu'on prolonge l'engraissement. J'ai vu les mêmes animaux consommant $8^k,750$ de tourteau, refuser d'en manger 4 deux mois après.

Voici un tableau de la nourriture de deux bœufs de concours purs angus. (Voir le tableau n° 1.)

N° 1. BŒUF DE CINQ ANS
(préparé pour le concours de Smithfield).

1. Décembre.	Paille d'avoine à manger.	Reste.	Poids des turneps.	Tourteau de lin.	Reste.	Farine d'orge mangée.
	Kil.	Kil.	Kil.	Kil.	Kil.	Lit.
Lundi matin.....	3.00	»	22	2.75	»	»
— soir......	4.00	1.00	22	1.75	»	»
Mardi matin	3.50	»	30	2.50	»	»
— soir........	5.00	1.75	30	1.50	»	1.00
Mercredi matin..	4.25	»	28	2.50	0.500	»
— soir....	5.00	3.50	25	1.50	»	0.50
Jeudi matin.....	5.00	»	28	2.50	»	»
— soir.......	5.00	4.00	28	1.50	0.700	»
Vendredi matin..	4.50	»	21	2.50	»	»
— soir....	5.00	4.00	23	1.50	0.200	2.00
Samedi matin...	4.50	»	15	3.50	1.250	»
— soir.....	4.50	»	16	2.00	»	»
Dimanche matin..	3.50	»	13	3.00	1.00	»
— soir...	4.00	»	15	2.00	»	»
Lundi matin.....	4.00	»	12	3.50	2.00	»
— soir........	3.50	3.00	16	2.00	»	1.50

Il a fallu, pour coucher ce bœuf, 20 kilog. de litière par vingt-quatre heures ; il n'a laissé de turneps que mercredi soir 5 kilog., jeudi soir 2 kilog., vendredi soir 5 kilog.

Au cordon Quetelet, il mesurait $2^m,70$ sur $1^m,92$, d'où il vient 1,226 kilog.; mais il devait peser plus. Il fut vendu à Liverpool 1,275 fr. M. Mac-Combie espérait 100 ou 150 fr. de plus.

Dans les derniers jours, le bœuf auquel je diminuais les turneps a mangé 12 kilog. de foin sur 20 qui lui furent donnés en total, et une gerbée d'avoine non battue.

On peut voir, par ce tableau, avec quelle irrégularité ce

bœuf mangeait le tourteau et la farine; il me fut impossible de lui faire dépasser ces quantités, quoique, pour les farineux et le tourteau, j'eusse l'autorisation d'en faire consommer autant que je pourrais. Ce même animal avait cependant consommé régulièrement, pendant plusieurs mois, 7 kilogr. de tourteau, 6 litres de farine d'orge et 75 kilog. de turneps.

Voici les notes que j'ai prises sur les maniements de ce bœuf de quatre ans dix mois, pur angus, pesant, au cordon Quetelet, 1,226 kilog.

Le dessous de langue était énorme, prolongé et à pleine main.

L'oreillette bonne, mais ordinaire; j'en ai rencontré de semblables sur des bœufs demi-gras.

Il se trouvait, le long de la trachée, une boule de graisse énorme et prolongée, que je ne pouvais embrasser avec la main.

L'encolure était proéminente, surtout vers son milieu.

Le maniement de poitrine était d'une épaisseur de graisse remarquable, presque semblable à une boule; le collier seul proportionnellement me parut faible.

Le paleron était extraordinaire d'étendue et d'épaisseur : du reste, c'est le triomphe de l'angus.

Les maniements derrière l'épaule étaient peu apparents. Il y avait une couche de graisse sur les côtes, peut-être 0,06 ou 0,07 et bien davantage sur la dernière.

Pas plus sur ce bœuf que sur d'autres de même race je n'ai remarqué de loupes de graisse; l'égalité régnait partout. Le creux du flanc était si petit et si plein, qu'avant ou après le repas l'on pouvait toujours croire que l'animal avait bien dîné.

C'est surtout après trois jours de voyage que ce fait m'a frappé, à Aberdeen, et, après une épreuve pareille, l'on peut, à simple vue, juger du degré de graisse d'un animal.

Le maniement du travers était extrêmement remarquable. L'aloyau laissait peut-être un peu à désirer comme épaisseur.

Le grasset était inappréciable, ainsi que le cordon, que je ne pouvais embrasser à la main, si ce n'est dans la partie la plus basse.

Les abords étaient énormes.

L'animal était légèrement ensellé, c'est ce qui l'a empêché d'être primé ; il manquait un peu de largeur dans son derrière.

Ce bœuf avait de très-remarquable sa profondeur et sa largeur de poitrine et, de plus, sa descente de culotte.

Je ne pense pas qu'il y ait avantage à pousser des animaux à ce degré sans être sûr d'être primé ; en effet, l'animal a mangé dans sa dernière année seulement :

Tourteau de lin.	390 fr.
Avoine, 11 hectolitres.	110
Paille ou foin, 2,200^k.	100
12,000^k de turneps (il en mangeait 75^k au moins).	120
Prairie fauchable, 30 ares à 200 fr. l'hectare.	60
7,500^k de litière que je suppose équivaloir l'engrais.	
	780 fr.

On arrive à cette dépense de 780 fr. sans compter le logement, les soins et les risques, l'intérêt du prix d'achat de l'animal et les frais d'envoi à Liverpool, qui dépassèrent 100 fr. Ce bœuf avait occupé le tiers d'un waggon. Soit donc plus de 1,000 fr. à déduire de 1,275, prix de vente, il reste 275 pour payer toutes les dépenses de ce bœuf jusqu'à l'âge de 3 ans 10 mois; le bénéfice n'est pas clair, car l'engraissement en règle avait au moins commencé avec la seconde année. Je n'ai pu savoir ce que cet animal produisit à l'*étal*.

Je ne veux point terminer l'histoire de ce bœuf en apitoyant mes lecteurs sur le sort des agneaux bêlants qu'on livre au couteau du boucher, mais je ne puis m'empêcher de dire que dans le métier d'éleveur, et surtout d'engraisseur, une chose est dure, c'est de n'avoir d'issue finale que celle d'envoyer à la boucherie les animaux que vous avez nourris et auxquels vous vous êtes attaché. Pour moi qui avais soigné si longtemps l'animal dont je viens de parler, je ne pus le voir partir sans un sentiment très-pénible.

Le bœuf n° 2, destiné à être conservé encore un an, et dont le tableau alimentaire suit, était rationné; il eût pu manger beaucoup plus, mais on avait peur de le dégoûter. Au concours d'Aberdeen, il pesait 1,095^k (v. le tableau n° 2). J'ai pris le poids de ces animaux à différentes reprises d'après le système Quetelet, et la moyenne doit être exacte. Je n'ai pas donné aux bœufs de concours des turneps à discrétion, parce que l'on préparait l'un à partir, pour être abattu à Londres ; quant à l'autre, le bouvier m'indiquait ce qu'il voulait que je lui donnasse, et je suivais exactement ses instructions. Mais moi seul ai approché des bœufs pendant toute la durée de l'expérience. Les turneps étaient le commun yallow; je les choisissais un à un. On ne les coupait pas, mais après sept heures du soir, s'il en restait, on les enlevait, de peur d'accident. J'apportais la paille d'avoine deux fois par jour. Pour des bœufs aussi gras, il est mieux de ne pas la mettre dans le râtelier; souvent ils n'en mangent pas, parce qu'ils ont trop de peine à l'en tirer : il en aurait été de même du foin si on leur en eût donné, ce qui n'était qu'exceptionnel et seulément vers la fin des turneps. Lorsque j'ai diminué les turneps au bœuf de cinq ans, c'est en vain que je lui ai offert à boire.

N° 2. BŒUF DE TROIS ANS.

	Paille d'avoine.	Reste.	Turneps.	Tourteaux.
	Kil.	Kil.	Kil.	Kil.
Lundi matin.....	3.25	»	22	3.00
— soir.......	4.00	0.500	22	»
Mardi matin.....	3.50	»	30	3.08
— soir.......	5.00	2.000	30	»
Mercredi matin..	4.25	»	28	3.00
— soir....	5.00	4.000	25	»
Jeudi matin.....	5.00	»	28	3.00
— soir.......	5.00	4.000	26	»
Vendredi matin..	4.50	»	28	1.50
— soir....	5.00	6.000	30	»
Samedi matin....	5.00	Pas noté.	30	1.50
— soir......	5.00	*Id.*	27	»
Dimanche matin..	4.00	»	30	3.00
— soir...	5.00	2.50	28	»
Lundi matin.....	4.50	»	29	3.00
— soir.....	4.00	5.00	33	»

En février, un matin, il a reçu 41 turneps de Suède pesant 61^k, il a tout mangé.

En outre de cette ration, ce bœuf a reçu, chaque soir, 4 litres de farine d'orge, qu'il a mangés complétement; comme il était en box, il lui fallait aussi 20^k de litière par vingt-quatre heures. Il n'a laissé de turneps que le jeudi matin, 1^k; le vendredi soir, 4^k,500; le dimanche matin, 1^k,500.

Le bœuf de trois ans dix mois, n° 2, est resté trois mois stationnaire après le concours d'Aberdeen; ensuite il a augmenté à vue d'œil, au point que sa circonférence, prise au cordon Quetelet, s'est accrue de 0,12 dans l'espace de deux mois; à ce moment, il consommait jusqu'à 110 et 120^k de turneps de Suède et 6 à 7^k de tourteau.

Je termine ces renseignements par un tableau de mesures prises sur des animaux de concours, purs angus, de différents âges, et ayant tous de grandes chances d'être primés. Le bœuf de quatre ans et huit mois a eu, depuis, le premier prix au marché de Smithfield : c'est l'animal de race angus le plus parfait de forme que j'aie vu.

J'ai pris le plus grand soin pour tous ces mesurages, et le plus souvent je n'ai inscrit que la moyenne de trois épreuves ; je crois être certain des chiffres que j'avance.

L'animal de commerce fin-gras, ayant les reins les plus larges que j'aie rencontrés, mesurait à cette partie 0,44 ; il avait aussi une largeur de hanches de 0,65.

Je n'ai trouvé, parmi les bœufs d'élite entretenus dans la ferme que j'habitais, qu'un seul animal ayant les hanches d'une longueur de 0,63 ; presque tous les autres mesuraient de 0,58 à 0,60.

MESURAGE DE BOEUFS DE CONCOURS (PURS ANGUS).

DIMENSIONS.	BŒUFS AGÉS DE				
	4 ANS 8 MOIS.	3 ANS 10 MOIS.	2 ANS 11 MOIS.	22 MOIS.	9 MOIS à peine.
Longueur totale (de la nuque à la queue)............	2m.50	2m.38	2m.34	»	»
Hauteur devant (garrot).................................	1m.51	1m.61	1m.58	1m.46	1m.34
— derrière (hanches)........................	1m.59	1m.44	1m.46	»	1m.25
Circonférence de poitrine (système Quetelet)...........	2m.70	2m.70	2m.45	2m.05	1m.69
Longueur de l'animal (système Quetelet)...............	1m.92	1m.85	1m.78	1m.65	1m.41
— de tête...............	0m.54	0m.52	0m.55	»	0m.50
De la poitrine à terre....................................	0m.47	0m.48	0m.48	»	0m.52
Largeur au garrot (pas très-sûr)........................	0m.32	0m.40	0m.25	»	0m.19
Circonférence au-dessus du genou.......................	0m.42	0m.41	0m.425	»	0m.36
De la verge à terre......................................	0m.58	0m.52	0m.64	»	0m.52
Du cordon à terre.......................................	0m.75	»	»	»	»
Largeur des hanches.....................................	0m.74	0m.74	0m.65	»	0m.40
Longueur des hanches...................................	0m.64	0m.61	0m.61	0m.53	0m.47
Tour au-dessus du jarret................................	0m.53	0m.52	0m.50	»	0m.44
Hauteur de la culotte (tirant une horizontale à l'ischion et à la rentrée du cordon)................................	0m.86	0m.84	0m.70	»	0m.57
Du cordon à la pointe du jarret..........................	0m.28	0m.29	0m.37	»	0m.26
Du jarret à terre..	0m.56	0m.53	0m.61	»	0m.52
Du genou à terre..	»	0m.38	0m.38	»	0m.36
Mesure (système Dombasle) derrière l'épaule............	»	2m.67	2m.48	2m.22	1m.775
Largeur des ischions....................................	»	0m.42	0m.38	»	0m.25
Circonférence prise au grasset.........................	»	2m.55	»	»	1m.78

CHAPITRE VI.

Animaux reproducteurs.

Sélection, l'In-and-In. — Croisement. — Métissage. — Races d'Angus
et de Durham.

J'avais peu à observer pour ce qui se rattache aux lois de la reproduction; ce n'est pas un ou deux ans qui sont nécessaires, mais bien des dizaines d'années. Je rapporterai donc seulement les opinions des éleveurs, et elles sont loin de s'accorder.

Les uns veulent améliorer une race par une *large* sélection, les autres par la consanguinité ; ce qu'il y a de certain, c'est qu'ils réussissent presque toujours. Cependant tous s'accordent pour dire qu'avec le métissage on ne peut arriver à rien de fixe : ils le rejettent.

Je tiens de M. Jonas Webb ce qui va suivre : outre sa spécialité de moutons, il est un des éleveurs d'Angleterre et d'Écosse qui a le plus de Durham inscrits au Head-Book.

« Lorsque vous possédez une bonne famille d'animaux, « dit-il, il faut vous en éloigner le moins possible, la con- « sanguinité *agissant en mauvaise part plutôt sur l'intelli-*

« *gence*, ce qui est indifférent pour le bœuf ; cependant il
« ne faut pas l'outrer. »

Pour M. Webb, toute amélioration réelle est fondée sur
une sélection consanguine, un appareillement bien entendu
et des aliments nutritifs distribués avec intelligence.

Il est complétement opposé à l'amélioration par croisement et par métissage, et il ne croit pas à la possibilité
d'arriver, par l'emploi de ces deux systèmes, à quelque
chose de bon et de constant.

Mais il ajoute, avec tous les autres éleveurs, que le
durham accouplé avec une race qui lui convient fournit au
premier croisement un animal d'engrais très-supérieur.

M. Mac-Combie, lui aussi, est pour l'amélioration par
sélection consanguine, mais il en veut une plus étendue,
et il prend soin de ne pas trop se renfermer dans l'*in-and-
in*, il trouve que les produits se rapetissent et se déforment ;
autant que possible, il achète ses taureaux au dehors. Cependant, pour une ou deux générations, il ne craint pas de
se servir de taureaux nés de ses vaches ; souvent il n'en a
qu'un, et jamais plus de deux.

J'ai vu un autre éleveur de pur durham très-opposé à
l'*in-and-in*, il le charge de tous les reproches que nous lui
faisons en France ; soit infécondité, diminution de taille,
déformation ; il achète toujours ses taureaux au dehors, et
cependant j'ai vu chez lui des animaux de bien médiocre
construction, outre que, l'année où je l'ai visité, un tiers de
ses vaches avaient avorté ou avaient été saillies sans résultat.

Voici ce que m'a dit un fermier du sud de l'Écosse, qui
remporte presque tous les premiers prix destinés à la race
de Durham dans les concours, lorsque je le pressais de me
donner son opinion sur l'in-and-in.

Quand il a affaire à une bonne famille ayant un vigoureux
tempérament, il allie sans crainte le frère et la sœur, à plus

forte raison le père et la fille, la mère et le fils, puisque c'est d'un degré moins rapproché.

Son principe est qu'il ne faut pas abuser de l'in-and-in, mais ne pas le craindre non plus; les produits indiquent quand il est temps de s'arrêter. Cet éleveur m'a cité à l'appui de son opinion Comet, le meilleur taureau qui ait jamais existé, et qui avait été produit à la suite d'un in-and-in exagéré.

Tous les éleveurs font grand cas de l'appareillement, mais très-peu sont à même de le bien pratiquer; ils n'ont qu'un taureau ou au plus deux.

Le fermier heureux que j'ai cité plus haut n'en avait qu'un seul, qui m'a paru laisser beaucoup à désirer derrière l'épaule.

RACE D'ANGUS.

La race d'Angus est toujours noire, très-rarement jaune, encore est-ce un jaune particulier; elle est complétement sans cornes. L'os frontal est fort développé, et garni d'une houppe de poil, surtout chez les bœufs. Dans la race, telle qu'on la rencontre dans le pays, la croupe est un peu élevée et aplatie d'un côté à l'autre; en général, les angus, quoique longs, ont des reins excellents, et il est rare de voir une bête levrettée; ils s'engraissent facilement, sont rustiques, dociles et travaillent bien au collier. Cette race fournit une viande de première qualité, qui est toujours cotée à un prix supérieur sur le marché de Londres.

Une vache d'Angus et un taureau de Durham donnent un produit très-remarquable au point de vue de la boucherie.

Les maniements les plus saillants que l'on remarque dans la race d'Angus sont : 1° le paleron; 2° le grasset; 3° le cordon. Souvent l'on trouve des boules de suif assez grosses vers le flanc, lorsque l'engraissement avance.

Depuis quarante ans environ, cette race s'améliore dans le nord de l'Écosse, par une meilleure alimentation et par un bon choix des reproducteurs, en un mot par la sélection.

Le premier améliorateur de cette race a été M. Hugues Watson of Kellor; parmi les continuateurs zélés de cette entreprise, l'on remarque M. Robert Scott, M. A. Bowie, M. Walker of Portlethen, et surtout M. William Mac-Combie de Tillyfour, qui, malgré le petit nombre d'animaux purs qu'il conserve chez lui, remporte presque tous les prix : il a environ douze vaches.

Depuis quinze ans seulement, M. Mac-Combie s'est mis à l'œuvre; ce furent les bons produits qu'il obtint d'une vache angus achetée en foire, qui l'engagèrent à s'occuper d'amélioration, jusque-là sa partie exclusive avait été le commerce des bœufs d'engrais.

Il s'aboucha alors avec les éleveurs d'angus qui avaient eu la même idée que lui, se procura des taureaux provenant d'animaux choisis déjà depuis plusieurs générations, et ne tarda pas à constituer une famille d'animaux qu'il appelle sa race. Tous les éleveurs qui ont un peu de réputation, et qui s'en occupent, donnent la même dénomination à la famille qu'ils ont chez eux, et, comme l'amélioration de quelques-unes est réellement très-sensible, les éleveurs de race d'Angus ont formé depuis un an un Head-Book.

La qualité de viande qui distingue la race d'Angus du durham est due principalement à cette égalité parfaite dans la chair, par suite dans les maniements, même dans les sujets les plus gras. M. Mac-Combie possède quelques types d'animaux tels qu'on les désire maintenant dans les races idéales de boucherie : poitrine ample, excellents reins, arrière-train parfaitement fourni, droit et volumineux ; tête, encolure et extrémités fines. La seule différence sensible à la vue entre deux animaux de boucherie, l'un angus, l'autre de race durham, c'est que l'angus sera d'un gras parfaitement égal, pour ainsi dire entrelardé ; l'ensemble de ses formes sera plus arrondi et se rapprochera davantage de la conformation du taureau, tandis que le durham affectera la forme cubique : l'on dirait que chez ce dernier les couches de graisse sont ajoutées exprès pour former les angles.

L'angus perfectionné engraisse fort bien, et, s'il est convenablement nourri, je ne serais pas étonné qu'à un âge donné, deux ans par exemple, il vînt à peser autant qu'un pur durham ; reste à savoir s'il lui faudra plus de nourriture : je pense qu'il pourrait bien ne pas y avoir une grande différence ; seulement je suis porté à croire que le durham, sans peser beaucoup plus, serait plus gras.

Je ne tracerai pas le portrait du durham, tout le monde le connaît ; je dirai que je me suis seulement attaché à le voir élevé en grand et tel qu'il serait si on ne le conservait pas à titre d'animal privilégié : j'ai vu des fermes où on l'entretenait exclusivement presque par centaines.

Voici ce que j'inscrivais dans mes notes après avoir visité avec le plus grand soin un de ces établissements :

« Ce qui m'a frappé tout d'abord en voyant ces vaches durhams, c'est 1° le manque de muscles extrêmement marqués, 2° une dépression très-sensible et formant un grand creux aux hanches, 3° le dégarnissement complet *de muscles* à la région de l'épaule ; 4° chez quelques sujets, ces hideuses loupes graisseuses qui font encore plus mal à voir lorsque l'animal n'est pas gras ; 5° enfin un grand nombre de vaches et de taureaux, surtout, laissaient à désirer en arrière de l'épaule. »

Je notais ce qui suit au sortir d'un autre établissement où j'avais passé plusieurs jours :

« Ce que je reprocherai à ces durhams en masse, c'est d'être trop légers, trop élevés sur jambes, pas assez étoffés et de manquer de corps ; c'est au point qu'un grand nombre de ces vaches ont besoin du Head-Book pour qu'on puisse distinguer leur race. »

On pourrait croire, maintenant, qu'après ce tableau de l'angus et du durham je vais donner la préférence à l'angus, il n'en est cependant rien ; car on ne doit pas considérer une race exclusivement dans elle-même, mais bien encore dans les résultats qu'elle produit. Or la race de durham est celle qui fournit le plus fréquemment des types de boucherie complétement modèles, ses preuves sont faites ; aussi voici ce que j'ajoutais à la suite de ma première note :

« En revanche, on ne voit point de race ayant comme caractère un train postérieur si large et si ouvert ; je n'avais jamais vu de reins pris collectivement ayant une telle largeur, des côtes d'une pareille rondeur et des encolures aussi minces. »

Qu'est-ce que l'angus peut faire? Il peut produire de bons animaux, mais en petite quantité, car ses qualités ne sont pas encore assez exagérées pour que ses croisements soient avantageux ; il est bien, mais il n'aurait que fort peu de chose à donner à une race qui laisserait à désirer.

Il n'en est pas de même du durham. Sur un animal de cette race, qu'est-ce qui frappera? C'est cette exagération de graisse, ce train de derrière si énorme, ces reins si larges, cette encolure et ses extrémités si fines. C'est au point qu'il y a presque du surabondant de perfection, et c'est ce surabondant que le durham transmet au premier et au second croisement, et qui produit des sujets de boucherie si remarquables, l'équilibre se trouvant rétabli.

Ce que j'ai voulu faire pressentir en faisant ressortir les points si généralement défectueux dans les durhams que j'ai vus, c'est que l'on n'arrivera pas, en remplaçant nos bestiaux par des animaux de cette race pure, à avoir usuellement des sujets aussi parfaits de formes que ceux exposés dans les concours.

D'où je conclurai que le cultivateur qui a besoin de calculer ses dépenses devra s'efforcer seulement de fabriquer un grand nombre d'animaux de bonne nature sans s'embarrasser dans la pratique de ces conformations idéales.

Les meilleurs et les plus grands éleveurs de races perfectionnées ne peuvent se dissimuler que, sur cinq animaux qu'ils produisent, il y en aura au moins trois qui, s'ils ne sont pas recouverts d'épaisses couches de graisse, paraîtront médiocres, si ce n'est défectueux, aux yeux de l'amateur.

Sous ce rapport, la race de Durham est comme bien d'autres ; elle a encore du chemin à faire pour ne produire que des animaux presque irréprochables. Lors même que ses défectuosités dépendraient exclusivement d'une sélection et d'un appareillement trop relâchés, et je ne le crois pas, l'on ne serait pas beaucoup plus avancé, car il y a un écueil qui, d'ici à longtemps, empêchera d'épurer la race. En effet, le prix élevé des animaux résultant de leur seule inscription au Head-Book fait que l'on conserve à la reproduction presque tous les veaux mâles, bons ou mauvais; je connais des éleveurs consciencieux qui n'agissent pas ainsi, mais ils sont loin d'être en majorité.

C'est, du reste, bien tentant de vendre tous les veaux sans exception; ainsi il y a un grand éleveur qui vend annuellement aux enchères tous ses taureaux purs durhams âgés de six mois.

Sa moyenne, il y a deux ans, dépassa 1,100 francs par

tête; il n'en castre jamais et n'en vend pas un seul au-dessous de 625 francs.

Il ne faut pas trop se hâter de condamner ces ventes; si ces taureaux, de construction inférieure, doivent être rejetés de la race pure, comme améliorateurs ils peuvent encore se rendre utiles.

En effet, ils portent en eux le germe de certaines qualités surabondantes que possède tout durham sortant d'une bonne famille, et ce ne sera pas parce qu'un taureau aura quelques dépressions qu'on devra le rejeter, si, du reste, il a conservé tous les caractères de cette commune propension à l'engraissement. On doit préférer ce sujet bien ligné à un taureau supérieur en apparence, mais enfant du hasard; c'est, du reste, l'opinion des meilleurs éleveurs, et, après ce que j'ai vu et observé, je suis tout porté à la partager. Ainsi, supposant que je désire obtenir des bœufs croisés destinés à l'engraissement, et que j'aie le choix entre deux taureaux, l'un pur durham ayant beaucoup de défectuosités dans les détails de son extérieur, mais ayant, du reste, tous les caractères d'un bon animal, et un autre taureau paraissant de même qualité et beaucoup plus parfait de formes, ayant du durham, mais un peu enfant du hasard, je n'hésiterais pas à prendre le taureau de pur sang. Je serais sûr que le germe de la surabondance de qualité qu'il porte en lui influerait d'une manière plus sensible sur ses produits; du reste, j'émets une opinion qui n'est pas nouvelle, elle s'appuie tout simplement sur cette vérité que personne ne conteste, que plus une race est ancienne, plus elle a de force pour transmettre ses caractères.

Il va sans dire que je ne veux pas parler de tous les durhams, mais de la majorité, car il m'a semblé rencontrer çà et là quelques familles qui, en fait de qualité, n'avaient guère que leur nom: — cela provient peut-être un peu d'une trop grande indulgence au moment de la formation du Head-Book. — Car il est probable que toute la race ne descend pas exclusivement d'Hubback, et tous les éleveurs n'ont pas eu le coup d'œil et le talent des Colling et des Backwell.

Depuis l'on n'a pas épuré les familles; aussi, pour se permettre d'acheter un reproducteur laissant un peu à désirer et, malgré cela, destiné à continuer la race pure, il faut voir, autant que possible, ses ancêtres existants et s'aider du Head-Book pour le reste.

Je pense qu'on doit conclure de tout ce qui a été dit plus haut que, d'après les meilleurs éleveurs anglais, l'on ne doit chercher à améliorer une race d'une manière durable que par la sélection. Là les opinions se divisent : les uns la veulent très-consanguine, lorsque les lois de l'apparcillement y portent; les autres rejettent, en principe, la consanguinité; mais ce qui prouve que l'on ne doit pas être exclusif, c'est que l'on voit réussir les deux méthodes. On doit conclure encore que, pour se procurer de bons animaux propres à l'engraissement, il est inutile d'affecter un grand capital à l'achat d'animaux purs, très-parfaits de formes, mais qu'il est suffisant de se procurer un reproducteur de bonne famille, annonçant une grande disposition à l'engraissement, pour obtenir d'excellents sujets destinés à être envoyés jeunes à la boucherie.

Que des engraisseurs ou des éleveurs faisant la chose en grand ne doivent pas s'attacher à des détails de conformation, ils n'arriveraient pas à la perfection idéale ; que, s'ils obtiennent des animaux amendants, s'engraissant facilement, leur but sera rempli.

A propos de cette question de détails de conformation, voici encore une note inscrite à la suite d'une conversation que j'avais entendue entre deux éleveurs distingués :

La discussion s'est portée sur la question : quel serait le juge assez compétent pour dire qu'un animal était supérieur à un autre dans certains cas (et elle se présente souvent dans les concours). M. R*** et M. X*** se sont accordés définitivement à dire que les bouchers seuls étaient compétents. Arrivé à un certain degré de perfection, j'en doute, car cela tombe dans l'idéal. Je n'ai jamais pu obtenir de personne de me dire que tel petit défaut, en tel endroit, était plus important que tel autre petit manque de symétrie dans une autre partie du corps.

Je n'en suis pas étonné, car c'est de nulle importance : un défaut ou une qualité ne peuvent en avoir que lorsqu'ils viennent à favoriser ou à nuire à une des grandes fonctions de vitalité, ou encore à diminuer le rendement sensible en viande nette de première qualité, au bénéfice de la deuxième et de la troisième.

C'est pourquoi je crois que, lorsque l'on a atteint des limites raisonnables, on ne doit pas, en pratique, chercher à aller plus loin dans le choix des animaux à engraisser et même de reproducteurs.

Il ne faut pas, pour cela, blâmer ces travaux d'amélioration minutieuse auxquels se livrent certains riches éleveurs, parce que, s'ils n'obtiennent pas de nouveaux perfectionnements, au moins ils conserveront aux races le degré de perfection qu'elles ont déjà acquis, en même temps que leurs étables seront une pépinière d'étalons supérieurs, où les éleveurs de bêtes de commerce viendront se remonter.

Un genre d'amélioration qui, il me semble, devrait être pratiqué et encouragé dans les concours, c'est la conservation des mêmes bonnes familles de vaches dans toutes les fermes françaises ; cela se pratique déjà en quelques endroits, mais pas encore assez généralement. Comme on a pu le voir, c'est ce même système qui a été la source de l'amélioration de la race d'Angus, et, probablement aussi, de celle de Durham ; ce n'est pas que je veuille dire, par là, que j'engage mes compatriotes à faire de même pour leurs races locales, non, il faut trop d'argent et de persévérance pour arriver à ces résultats ; mais en soignant une famille d'animaux dans chaque ferme on préparerait les voies au durham, qui n'aurait plus guère qu'à apporter sa précocité et sa grande disposition à l'engraissement.

Mais, dira-t-on, il faudra conserver nos races pures au moins en majorité, puisque le premier et le deuxième croisement sont préférables.

Il est vrai que les Anglais sont unanimes à cet égard, mais ils se servent bien avantageusement des autres, nous ferons comme eux ; du reste, tous les croisements qui suivent ne sont pas inférieurs, et il n'est même pas nécessaire d'employer exclusivement le pur sang comme étalon ; on le préfère surtout pour produire le premier croisement, mais c'est tout.

Comme exemple de succès, en dehors des deux premiers croisements, je citerai le premier prix des jeunes bœufs du concours de Poissy, en 1858, appartenant à M. Lambezat, inspecteur général de l'agriculture ; tout le monde a admiré la perfection de formes de *Bourgemestre* et l'état d'engraissement où il avait pu être amené à vingt-trois mois.

Voici sa généalogie :

1° Le premier croisement fut un pur durham avec une bretonne, le produit *Patricienne* se trouva magnifique ; 2° *Patricienne*, accouplée avec un durham, donna *Fanny*, qui eût pu passer pour une parfaite durham ; 3° le produit de *Fanny* avec un taureau d'Ayr fut *Bourgemestre*.

Ce veau était né à l'établissement de Grand-Jouan, dirigé avec tant de distinction par M. Rieffel, qui s'est, depuis de longues années, appliqué à étudier cette question des croisements. Aussi je pense que personne, mieux que lui, en France, ne peut dire, d'une manière certaine, les résultats que l'on peut espérer en se servant, comme étalons, d'animaux ayant plus ou moins de sang durham.

M. Rieffel les a étudiés au double point de vue de la boucherie et de la laiterie, tandis que tout ce que j'ai rapporté ne s'applique qu'à l'animal de boucherie exclusivement, et n'est fondé que sur ce que j'ai entendu dire ou remarqué à la hâte.

Comme on le voit, il n'est pas difficile d'obtenir de bons sujets d'engrais, il ne s'agit que de se procurer un bon taureau et de bien nourrir; ceci peut même, je crois, passer en axiome; hé bien! d'ici à longtemps, on ne progressera que lentement, et voici pourquoi :

Les uns ont dit que c'était à la science que les Anglais devaient de progresser dans l'élevage des animaux; pour ce qui concerne les fermiers en général, à quelques exceptions près, je ne sais pas.

D'autres ont dit que cette supériorité du bétail anglais était due presque entièrement aux conditions favorables de sol, de nourriture et de climat.

Il me semble qu'avec l'esprit de ténacité et de persévérance qui est le propre du caractère anglais, on aurait aussi pu ajouter que ces grands progrès étaient dus au 1 fr. 76, prix que l'on paye le kilo de viande première catégorie, même dans les campagnes. Encore les fermiers se plaignent-ils de ne pouvoir engraisser convenablement, et que le tourteau et les farineux sont mal payés.

Voyez en France, dans beaucoup de petites villes encore, vous payez la viande 1 fr. le kilo, c'est le produit maximum de deux jours de vie d'une tête bovine. Avec 50 c., quelle ration de foin et de tourteau pouvez-vous donner à un animal, et quel sera votre bénéfice?

Cependant entendez les maîtresses de maison, oh! quelle unanimité dans ce cas-ci ; on les vole, on les écorche ! Comment, vendre la viande 10 sous la livre ! augmentons vite nos fermages, la fortune des cultivateurs est faite. Vendre 10 sous la viande ! mais cela n'a pas de nom ; nous avons bien vu, il y a quelques années, le veau à 4 sous ! Et nous donner encore de la viande comme on nous en donne, de mauvaise vache et rien que des os !

Consolez-vous, mesdames, cela fait de bonne soupe, on a moins besoin de colorer le bouillon, ce n'est pas du durham, c'est de la viande faite, puis enfin il faut bien que chaque chose trouve son débouché.

Je n'engagerais pas un de mes amis à parler de l'absolue nécessité d'augmenter d'une façon notable le prix de la viande devant ces parties trop intéressées, car, pour moi, je ne m'y exposerai plus ; je n'y ai qu'à perdre et rien à gagner, car bien fou serait celui qui espérerait persuader.

Tout est là, le jour où l'on voudra payer la viande ce qu'elle coûte et la part que se fait le boucher en sus, on en fournira de bonne ; ce ne sera ni long ni difficile. On peut déjà en voir un exemple à Paris ; comme c'est la ville où l'on paye le mieux la viande, c'est aussi là où vont tous les meilleurs animaux de boucherie.

Les oreilles des plus paresseux, a dit l'auteur du *Cours de science hippique*, s'ouvrent vite au bruit de l'or.

Et c'est bien vrai.

CHAPITRE VII.

Du taureau.

De son choix. — Conformation à rechercher.

Comme j'ai déjà eu occasion de le dire, on ne peut connaître l'avenir d'un taureau qui n'a encore que six mois. D'après tous les éleveurs, il n'est arrivé à son entière perfection de forme qu'à trois ans et demi.

Entre 1 an et 15 mois, l'on commence à se servir des taureaux comme reproducteurs.

M. Mac-Combie les recherche longs de corps et peu chargés de ventre, sans être levrettés.

Les éleveurs de Durham font aussi commencer la monte à leurs taureaux de 12 à 14 mois.

D'après l'un d'eux, un taureau dans sa force peut saillir 15 vaches par mois.

D'après un autre, un veau d'un an peut en saillir 20. Ils s'accordent tous à dire en général que l'âge où le taureau donne les meilleurs produits est vers 2 ans; mais, lorsqu'un taureau donne de bons animaux, on le conserve indéfiniment. Quelques fermiers préfèrent donner jeune taureau à vieille vache, et d'autres vieux taureau à jeune

7

vache; mais cette pratique n'est pas générale; comme le nombre des taureaux dont on dispose est très-limité, on est souvent obligé de donner indifféremment.

Chez les taureaux de Durham, l'on ne trouve jamais, même proportion gardée, cette carrure du derrière si remarquable dans la vache; il en est de même pour les reins et l'insertion des côtes. Un grand nombre de taureaux de cette race ont une dépression extrêmement sensible derrière l'épaule; plus ils avancent en âge et plus elle devient apparente.

En revanche, on ne leur trouve point aux hanches cette émaciation dont j'ai parlé pour la vache de Durham.

J'ai bien vu aussi sur un certain nombre de mâles un défaut d'union plus ou moins sensible des reins et du train postérieur; mais c'est chez le petit nombre.

J'ai trouvé beaucoup de taureaux de 7 à 8 mois laissant énormément à désirer, étroits de partout, un certain nombre se refont plus tard; mais ce sont ces défauts que l'on remarque dans le jeune âge, dont il faudrait suivre les progrès ou la diminution.

Le principe des éleveurs d'Angus et de Durham est de donner un fort taureau aux vaches. Voici la note que je prenais auprès de l'un d'eux :

« Il veut un taureau aussi fort que possible, et, quant à un accouplement disproportionné, il n'y voit rien à objecter sitôt que le taureau peut sauter la vache et que celle-ci peut le supporter; ce qui exclut les extrêmes.

« Il veut, en outre, que le mâle soit fortement constitué dans les parties génitales. Il donne pour raison que c'est le vœu de la nature et qu'il faut la contrarier le moins possible.

« Il cite, pour exemple, les vaches sauvages et les biches dans les parcs; toutes vont au taureau et au cerf le plus fort. Un autre éleveur, qui réussit également parfaitement, dit qu'il préfère donner un fort taureau tout formé à une génisse, mais qu'il faut craindre les accidents. »

Le rouan, le blanc et le rouge sont les seules couleurs pures ou mélangées qui composent la race de Durham.

Les uns préfèrent le rouan, les autres le rouge vif : ces deux robes ont été tour à tour à la mode.

Un taureau blanc et une vache rouge donnent presque toujours la robe rouan : tous les fermiers disent la même chose.

D'après un autre grand éleveur, le blanc est la plus mauvaise couleur, puis vient le rouge-pie, le pâle surtout ; pour lui, les jambes toutes blanches sont une dépréciation : il ne croit pas à l'utilité de donner jeune taureau à vieille vache et réciproquement ; mais il donne de préférence un jeune taureau à une génisse, souvent les deux animaux n'ayant l'un et l'autre qu'un an.

Tous les taureaux ont un anneau rond passant dans les naseaux et pendant. Les uns sont attachés par des colliers de cuir, les autres sont en boxes.

J'en ai vu dans le sud de l'Angleterre restant constamment sous des hangars attachés, mais de grands rideaux les séparaient de l'air extérieur, et ils étaient dans des endroits très-abrités : on ne les étrille pas régulièrement ; on les promène de temps à autre.

M. Mac-Combie redoutait l'obésité. La nourriture des taureaux angus, en temps ordinaire, était très-simple : des turneps ou du trèfle vert, et 2 kilogr. de tourteau ; quelquefois même on le retranchait.

Des taureaux d'âge, de race durham, dans le nord de l'Écosse, ne recevaient, en avril, que des turneps et de la paille ; les jeunes seuls avaient du tourteau.

Dans le sud de l'Angleterre, en février, des taureaux de 2 ans et au-dessus mangeaient environ 7 litres mélangés de farine et de tourteau, de plus du foin à peu près à discrétion et 50 kilogr. de rutabagas coupés ; les jeunes taureaux recevaient la même nourriture, si ce n'est que le tourteau et la farine étaient mélangés à moins de foin haché. Ces animaux n'étaient pas en meilleur état que les taureaux d'Écosse ; mais aussi rien ne peut égaler le bon turneps donné à discrétion.

Quoique le foin, les rutabagas, la farine et le tourteau fussent parfaitement mélangés, ces animaux cherchaient encore à trier les turneps.

Un taureau angus d'un an recevait 35 kilogr. de navets de Suède et $1^k,50$ de tourteau, plus du foin.

Un taureau pur durham, promettant beaucoup, recevait des navets de Suède, deux fois par jour de l'avoine aplatie mêlée à du son ; le tout humecté et à discrétion. L'animal était en bon état.

Mais, lorsqu'on prépare les animaux au concours, on change de régime, rien n'est trop bon pour eux. Il faut les faire gras, car, quoi qu'on en dise, on ne prime que ceux-là, et il n'est pas toujours facile d'amener à ce degré de jeunes taureaux.

On met en usage tour à tour ou simultanément les tourteaux, les divers farineux, surtout l'avoine aplatie et la farine de fève, enfin la caroube dont je n'ai vu faire usage qu'en Écosse : c'est une grande gousse sucrée. Celle de l'*acacia triacanthos* peut donner une idée de sa forme : quelques personnes disent qu'elle vaut le tourteau à poids égal ; mais cet avis n'est pas généralement partagé. Cependant un grand nombre de préparateurs d'animaux de concours en font usage et en paraissent satisfaits. Je l'ai toujours vu employer simultanément avec le tourteau ou les farineux ; on en donnait de 1 à 2 kilog. Elle est connue dans le pays sous le nom de *locus-bean* ; elle coûte, je crois,

30 fr. les 100 kilog. Je ne sais si l'Algérie n'en fournit pas déjà.

La caroube contient 55 0/0 de sucre, ai-je lu quelque part. On considère cet aliment comme échauffant ; mais on le trouve sans égal pour les veaux, surtout en leur donnant en même temps un peu de tourteau, qui est relâchant. Il n'y a que quelques années que l'on a commencé à en faire usage.

J'ai vu un taureau angus, destiné à concourir quelques jours après, manger du trèfle presque sec, $10^k,872$ de tourteau, et en même temps $1^k,800$ de caroube en deux repas.

Naturellement, on lave aussi les taureaux au savon deux ou trois fois avant l'exposition, et, 1 ou 2 mois avant, on leur fait un pansage régulier à la brosse et à l'étrille.

CHAPITRE VIII.

Pour le durham comme pour l'angus, l'on ne fait, en général, saillir les génisses que l'on destine au concours qu'à 18 mois. Lorsqu'il s'agit d'animaux de commerce de race angus, on attend encore assez souvent cet âge; mais, quant aux génisses pures durhams, on les fait couvrir vers 13 ou 14 mois, de crainte de l'infécondité; c'est dans le même but qu'on les tient, autant que possible, presque maigres, d'autant plus qu'un grand nombre d'éleveurs soutiennent qu'un état d'embonpoint trop prononcé est nuisible au développement des animaux.

Les ennemis des durhams disent que sur trois vaches il ne faut espérer que deux veaux; leurs partisans nient le fait et prétendent qu'il n'y a pas de différence avec les autres races.

Un éleveur de Durham m'a dit que ses génisses avaient presque toutes vêlé avant l'âge de 2 ans. Lorsqu'elles ne prennent pas de veau, il les met aussi maigres que possible.

D'après ce que j'ai vu, je crois que lorsque le durham est entretenu comme les races communes, et que la consanguinité n'est pas outrée, l'on peut espérer d'un nombre donné de vaches autant de veaux que de toute autre race.

M. Mac-Combie m'a cité une année où, avec la race d'Angus, sur 20 vaches, il avait obtenu 20 veaux sans parts doubles.

Voici, au sujet des vaches qui ne prennent pas le veau, ce qu'il pratique :

Si une vache ne se trouve pas pleine à temps pour vêler, au plus tard, au mois de mai, il remet la monte à l'année suivante, la fait travailler ou lui fait faire un violent exercice.

Au retour des expositions, M. Mac-Combie a remarqué que ses vaches, qui revenaient fatiguées, prenaient le taureau infailliblement.

Si une bête devient taurelière, il l'écarte immédiatement, car il prétend que cette maladie est contagieuse; il la fait travailler et maigrir complétement; et si, au bout d'une ou deux montes, il n'a pas de succès, il attend encore à l'année suivante.

Je me suis informé si l'on attachait de l'importance à ce qu'un veau ait été produit par une jeune ou une vieille vache; quelques personnes préfèrent le premier veau d'une vache, mais la plupart des éleveurs considèrent la chose comme indifférente.

M. Mac-Combie a fait l'expérience des faits qui suivent :

Lorsqu'on a donné une fois un taureau durham ou de toute autre race à une vache d'Angus, par exemple, si, l'année d'après et les suivantes, l'on fait couvrir cette même vache par un taureau de sa race, on obtiendra des veaux sur lesquels les caractères de la race durham seront encore sensibles.

Il en est de même pour les moutons; des brebis sans cornes ayant été saillies une année par un black-faced, et l'année suivante par un leicester, produisirent des agneaux, après ce second accouplement, ayant des cornes énormes.

Lorsque des vaches d'une robe uniforme et saillies par un taureau semblable voient constamment, pendant leur gestation, des vaches d'une autre couleur, il arrive fréquemment que le produit n'a pas la même robe que ses parents. Aussi M. Mac-Combie éloignait-il avec soin les angus à robe jaune de la vue de ses vaches.

Il m'a dit encore avoir remarqué qu'une famille donnant constamment de bonnes femelles engendrait souvent des mâles inférieurs, et *vice versâ*. M. Mac-Combie pense qu'à 6 mois il peut connaître ce que deviendra une génisse dans la suite; il s'attache surtout à ce qu'elle ait d'excellents reins.

Une fois ses vaches pleines, M. Mac-Combie ne s'en inquiète plus jusqu'au moment où il commence à les rentrer la nuit, c'est-à-dire dans le courant d'octobre; elles sont attachées à l'étable, deux par stalle; les turneps et la paille sont leur seule nourriture d'hiver. On n'emploie le tourteau que pour les vaches qui doivent concourir, et seulement deux ou trois mois avant, ce qui ne les empêche pas d'être constamment très-grasses. A mesure que la gestation avance, on ne prend d'autres précautions que de diminuer beaucoup la ration de turneps, et surtout de ne pas en donner de gelés. On donne la paille seule à discrétion.

Tous les huit jours, quelquefois plus souvent, l'on fait sortir ces vaches, mais ce n'est pas fixe.

Les vaches de M. Mac-Combie n'ont commencé à recevoir des turneps régulièrement que le 15 novembre, époque de leur rentrée définitive; jusqu'à ce moment, la pâture avait fait presque tous les frais de leur nourriture, avec la paille, qu'on donnait la nuit. On leur fit manger d'abord tous les turneps avec leurs feuilles; et ces vaches se trouvaient encore trop grasses.

Il est vrai que, depuis longtemps déjà, leurs veaux s'étaient sevrés, et, vivant dans de très-bonnes pâtures, elles n'avaient eu qu'à fournir à leur entretien.

Voici, le 4 février, ce que ces vaches à l'étable ont reçu en vingt-quatre heures. (Voir, pour le poids des animaux, le tableau de mesurage qui suit les rations.)

		Turneps communs sans feuilles.
	kil.	kil.
1. Une vache en box prête à vêler............		80
2. Une autre vache même position.............		74
3. Deux grosses vaches......................	125	soit 62.50
4. Une vache seule..........................		66
5. Deux vaches.............................	114	soit 57
6. Deux génisses de 2 ans 10 mois hautes pleines.	123	soit 61
7. Deux *id.* l'une de 25 mois, l'autre de 23,	par tête	54
8. Deux bouvillons, l'un de 12 mois, l'autre de 10,	*id.*	55 turneps de Suède.
9. Deux génisses de 42 mois.................	*id.*	53 *id.*
10. Deux *id.* de 11 mois.................	*id.*	57 *id.*
11. Deux petites vaches laitières...............	*id.*	68 turneps communs.

MESURAGE DES VACHES ET GÉNISSES AMÉLIORÉES DE LA RACE D'ANGUS.

(Étable de Tillyfour à M. William Mac-Combie.)

	1	2	3	4	5	6	7
Animaux femelles âgés de	8 ans.	3 ans.	23 mois.	11 mois.	12 mois.	2 ans.	3 ans.
Circonférence de poitrine	2^m.19	2^m.18	2^m.02	1^m.59	1^m.72	1^m.96	2^m.14
Longueur système Quetelet	1^m.50	1^m.62	1^m.60	1^m.28	1^m.42	1^m.57	1^m.73
Largeur aux hanches	0^m.65	0^m.61	0^m.51	0^m.43	0^m.48	0^m.54	0^m.58
Longueur des hanches	0^m.60	0^m.57	0^m.54	0^m.43	0^m.48	0^m.55	0^m.55
Largeur des ischions	0^m.38	0^m.40	0^m.33	0^m.31	0^m.31	0^m.27	0^m.34
De la poitrine à terre	0^m.49	0^m.48	0^m.50	0^m.51	0^m.50	0^m.51	0^m.50
Hauteur de culotte de l'ischion à mamelles	»	0^m.63	0^m.55	0^m.52	0^m.52	0^m.55	0^m.69
Largeur au garrot	»	»	0^m.30	»	0^m.30	0^m.25	0^m.40
Longueur de tête	0^m.49	»	0^m.49	»	»	»	»
Mesurage de circonférence au grasset	»	»	2^m.05	1^m.70	»	»	»

Nota. — Les quatre premiers animaux sont considérés comme des modèles chacun dans leur classe. La vache n° 1 est le premier prix du grand concours de Paris; elle laisse un peu à désirer à la poitrine. Le n° 2 n'a pas encore vêlé; on le cite comme une bête de première force avec poitrine remarquable. Le n° 3 est considéré comme parfait ; le n° 4 de même, il a un arrière-train extraordinaire. Le n° 5 est un veau d'une force remarquable devant faire un fort bon animal. Le n° 6 est médiocre; il a pour lui ses hanches. Le n° 7 a une largeur de hanche remarquable et mesure aux reins 0^m,51. Circonférence de deux des plus grosses vaches, 2^m,27 et 2^m,15. Le n° 1 a une hauteur, aux hanches, de 1^m,30, et au garrot 1^m,49. J'ai laissé en blanc les chiffres que je n'ai pu prendre assez exactement. Si, dans tous ces tableaux, je donne la circonférence de l'animal au grasset, c'est dans l'espoir que, dans quelques circonstances, on pourrait s'en servir comme correctif du système Quetelet.

Je fais suivre ces tableaux de rations et de mesurage de bêtes d'Angus par un autre de vaches pures durhams entretenues à peu près dans les mêmes conditions que les animaux de M. Mac-Combie; j'en ajoute encore un indiquant la nourriture donnée à des animaux croisés, et divers se trouvant dans une petite ferme voisine de ces grands établissements.

TABLEAU DES RATIONS D'UNE VACHERIE DE PURS DURHAMS.

Observations.	Mesurage système Quetelet.	Turneps total par 24 heures donnés en 3 repas.
	kil.	kil.
Nᵒˢ 1. Vache vide et sans lait......	2.09 sur 1.70 = 650	74
2. *Id.*	2.03 sur 1.65 = 600	74
3. Vache et jeune veau.......	1.92 sur 1.64 = 5ᵪ9	125.400
4. *Id.*	2.05 sur 1.65 = 612	145.250
5. Vache grasse sans lait.....	2.02 sur 1.65 = 589	71.250
6. *Id.*	» » » »	71.200
7. Très-bonne génisse de 2 ans.	2.01 sur 1.56 = 552	68.400
8. *Id.*	1.96 sur 1.66 = 558	68.400
9. *Id.*	1.96 sur 1.51 = 508	59.850
10. Une vache et son veau.....	2.05 sur 1.65 = 612	116.850
11. Vache énorme sans lait....	2.14 sur 1.75 = 702	79.800
12. *Id.*	2.03 sur 1.65 = 600	76.800
13. Vache et son veau........	2.00 sur 1.66 = 581	} 138.200
14. Veau de 6 mois..........	1.37 sur 1.02 = »	
15. Une forte vache..........	2.05 sur 1.67 = 607	59.800
16. Génisse de 11 mois.......	1.58 sur 1.46 = 319	65.500
17. *Id.* de 8 mois.......	1.60 sur 1.28 = 287	59.850
18. *Id.* de 9 mois.......	1.57 sur 1.30 = 276	59.850

Le poids moyen des turneps, qui était le *purple top*, était de 0ᵏ,950.

Dans la même ferme, j'ai vu encore donner en navets de Suède, à des génisses de 2 ans ou à des vaches sèches de veau, 75, 85, 90 kilog., etc., et à une génisse de 18 mois

56 kilog., et en plus, comme dans tous les autres tableaux, environ 5 kilog. de paille d'avoine pour manger.

RATION DISTRIBUÉE DANS UNE FERME ORDINAIRE SITUÉE SUR UN MAUVAIS FOND ET PRÈS DE LA VACHERIE DURHAM CITÉE PRÉCÉDEMMENT.

	Poids des animaux. kil.	Poids des turneps. kil.
1. Vache vêlée. 1. Croisement durham.............	532	45
2. *Id.* remarquablement bonne....................,	506	45
3. Vache haute pleine............................	441	33.400
4. *Id.*	488	33.400
5. Jumelles de 2 ans fraîches vêlées et filles du n° 1, par tête..................................	»	51.300
6. Vache fraîche vêlée............................	»	63.450
7. Bœuf de 2 ans (on lui donne de meilleurs turneps).	472	63
8. *Id.* gras, très-bonne nature...........	411	63
9. Génisses de 2 ans, grasses....................	414	64.800
— destinées au boucher. (Turneps de Suède.)	371	64.800
10. Deux jeunes bœufs de 18 mois recevaient des turneps communs, par tête....................	»	57
11. Génisses grasses de 2 ans recevant des navets de Suède, par tête................................	»	59.400
12. Génisses de 1 an recevant des navets à collet vert, par tête..................................	»	33
13. Bouvillons de 1 an..	259	33
— paraissant un peu maigres...........	246	33
14. Taureau de 1 an pur durham...................	»	42

Les turneps étaient divisés en trois repas.

La ferme contenait 42 hectares en terre silicéo-argileuse très-pauvre. Les meilleures prairies naturelles d'un an ne pouvaient passer que pour troisième qualité. La ferme était drainée. Toute l'année elle nourrissait huit vaches, trois chevaux de travail, deux de 2 ans, quatorze bœufs ou génisses de 2 ans, sept d'un an, soit trente-quatre bêtes adultes dans un état satisfaisant; les bœufs d'herbage étaient un peu maigres. Le fermier m'a assuré qu'à l'ordinaire il maintenait plus d'animaux, quarante environ, soit une tête pour 1 hectare 11 ares. J'ai vu faire le pansage de ces trente-quatre bêtes par un seul homme en moins de deux heures.

Ce que l'on peut remarquer de prime abord, c'est que les vaches d'Angus ne mangent pas plus que des vaches durhams de même poids, tout en s'entretenant aussi bien, et même mieux. Dans les deux étables, on ne donnait que les turneps, et la paille, que je n'ai pas notée, mais dont le poids ne doit pas être estimé au delà de 5 kilog. par bête. Une chose qui doit aussi frapper et qui est cependant bien vraie, c'est qu'un veau d'un an, nourri presque à discrétion, consomme autant qu'une bête de 2 ans, à plus forte raison autant qu'une vache faite. C'est une chose à bien considérer pour les personnes qui comptent se livrer à l'élevage.

On ne donne jamais rien de supplémentaire aux vaches pleines; dans les premiers jours qui suivent le vêlage, on diminue encore la ration, surtout lorsque la bête a de l'inflammation dans le pis; tous les éleveurs recommandent cette précaution; mais au bout de sept ou huit jours il faut distribuer la nourriture à discrétion. Quelque temps avant la mise bas, on place généralement les vaches dans des boxes où on les laisse libres jusqu'à ce que leur veau ait 5 ou 6 jours et les connaisse bien; alors on les reconduit à leurs places.

Pour prévenir la *fièvre vitulaire*, deux ou trois jours avant le vêlage on purge et on saigne. J'ai vu enlever à une vache 7ᵏ,50 de sang.

Après le vêlage, si les mères paraissent fatiguées et souffrir, on donne un peu de tourteau, mais c'est rare. Dans la première journée, comme partout, on fait boire chaud et on prend garde aux courants d'air. On avait d'autant plus d'attention à y faire chez M. Mac-Combie, que son étable était tellement aérée, quoiqu'il y eût vingt vaches, que très-souvent je ne pouvais y rester sans avoir froid.

Il m'a été possible d'étudier le durham en Écosse et aussi en Angleterre.

Dans le sud de ce dernier pays, on tient, toute l'année, les vaches durhams dans de grandes cours remplies de litière, et le plus généralement entourées de bâtiments qui ne leur sont pas destinés. Il y a au plus quelques hangars, plus ou moins hermétiquement clos, pour les cas de maladie ou des motifs exceptionnels, au nombre desquels il faut compter le vêlage.

On y enferme la vache et son veau; mais celui-ci, on le sépare encore de sa mère; il est dans une petite box treillagée; on le lâche seulement pour aller teter, et au bout de quelques jours, lorsque la sécrétion des mamelles est suffisamment activée, on fait boire le veau au baquet, pour hâter l'entrée en chaleur.

Jusqu'à quinze ou vingt mois, les veaux ne sont pas livrés au grand air, ils ont au moins des hangars, ensuite ils suivent la règle commune. Au milieu de ces cours se trouvent de grandes auges carrées où l'on met la nourriture aux vaches, été comme hiver, car elles ne sortent jamais pour aller pâturer. On n'étrillait pas ces bêtes; leur poil m'a paru dur et piqué, mais on le doit à leur séjour continuel à l'air libre.

Là aussi on rationnait sévèrement les vaches avant et après le vêlage, surtout pour les racines; mais on ne saignait point, et on m'a assuré que cette demi-diète, prolongée de sept ou huit jours avant et après le part, ne nuisait en rien à la production à venir du lait.

Les vaches, dans cette ferme, étaient tenues maigres ou à peu près; c'était afin, m'a-t-on dit, de favoriser la prise de veau. Ce qu'il y a de sûr, c'est que, dans cet établissement de purs durhams, la moyenne, relevée devant moi sur le registre, a indiqué annuellement un peu plus d'un veau par vache, en comptant les parts doubles, et cependant l'éleveur était partisan de la consanguinité.

Ce fermier préférait la paille de froment à toutes les autres; ses vaches n'en mangeaient que fort peu.

Pendant le mois de mars, voici ce que je leur ai vu donner :

Le matin, on apporta un peu de foin non coupé, ensuite un mélange complet de foin, de paille, de betteraves, de quelques navets de Suède, le tout haché et réuni à de la balle de froment et à des tourteaux de lin et de coton. Je n'ai pu me rendre compte exactement des proportions de chaque chose, ni de la quantité donnée par vache. L'éleveur estimait à $2^{lit},50$ la ration de farine par tête, à laquelle, je pense, on doit bien ajouter 2 litres de tourteaux brisés en petits morceaux. On donnait plus de farine et de tourteaux qu'à l'ordinaire, parce que les betteraves et les rutabagas commençaient à manquer.

Enfin ce même éleveur estimait à 1 fr. par jour la nourriture d'une vache en hiver, et en été à 71 cent.

Pour un bœuf d'engrais, il fixait la dépense au moins à 1 fr. 76 c.

Comme je l'ai dit, les vaches, avec la nourriture composée ainsi qu'il précède, s'entretenaient à peine, et cependant elles en avaient presque à discrétion.

La chose ne fait aucun doute pour moi; si cette nourriture eût été donnée à de pauvres vaches bretonnes, elles eussent engraissé rapidement et infailliblement.

D'où je ne puis m'empêcher de conclure que plus une bête a été accoutumée à une bonne nourriture, plus il est nécessaire de la lui donner nutritive pour la soutenir à peu près en état,

Lorsqu'on dit bien nourrir, pour des animaux de commerce, dans le jeune âge, il faut entendre juste le nécessaire au développement, surtout en aliments riches, et ne pas perdre de vue la comparaison que je faisais entre l'élevage matériel d'un fils de cultivateur et le fils d'un riche propriétaire entendant bien l'existence. Quelle différence de dépense comparée aux résultats en viande!

Si cela devait encore s'arrêter à un moment donné, le mal ne serait pas aussi grand; mais, lorsqu'on a commencé sur ce pied-là et que l'on veut engraisser, il faut forcément toujours aller en donnant des aliments plus nutritifs ou en plus grande quantité, et par conséquent être entraîné à une dépense excédant souvent de beaucoup les produits.

Il est même probable que, si ces vaches (et je ne les considère, dans ce cas, que comme bêtes de commerce ordinaires) eussent reçu, dans leur jeune âge, des aliments moins riches, elles se fussent engraissées avec la nourriture qu'on leur donnait, car il faut croire que l'estomac, recevant toujours les mêmes aliments, s'habitue à ne prendre que ce qui est nécessaire à l'entretien du corps.

Je suis revenu bien souvent sur ce sujet, mais pas trop encore, car cette question est grave, et, lorsqu'on dit bien nourrir, il faut que ce soit fait avec intelligence, qu'on se rende d'abord bien compte des dépenses et des produits, et que l'on considère par quels modes d'alimentation l'animal devra passer avant d'arriver à l'abattoir, en ne perdant pas de vue ce fait bien connu, que là où un animal de même qualité ne fait que s'entretenir, un autre s'engraissera, sans autre cause que celle-ci; l'un a été élevé dans un pays pauvre et l'autre dans un plus riche.

Dans un établissement de purs durhams du nord de l'Écosse, les vaches allaient à la pâture en été; en hiver elles recevaient de la paille, des turneps, et étaient réunies deux par deux, en stalles. Le fermier me disait qu'il était content de la caroube pour ses veaux, mais qu'elle n'égalait pas le tourteau, et que la farine d'avoine ne leur valait rien. Il m'a avoué, avec tous les autres éleveurs, que la race de durham était moins laitière que les autres (il faut que ce soit bien vrai), mais que le premier croisement avec une vieille race, surtout avec celle d'Ayr, donnait de très-bons animaux de laiterie.

Cet éleveur ne pensait pas qu'il fût possible d'engraisser assez une génisse au point de lui nuire dans sa croissance; l'économie et la crainte d'infécondité doivent seules arrêter.

Dans chacune de ses étables, j'ai trouvé une chose qui m'a surpris et fait rire, à tort ou à raison, lorsqu'on m'en a donné l'explication. C'est une chèvre qu'on laissait libre. Pourquoi? parce que, m'a-t-on dit, son odeur est salutaire au bétail, et surtout parce qu'elle tient éveillées, par ses allées et venues, les vaches hautes pleines.

Les chèvres ne s'étaient pas assez promenées, du moins il faut le croire, car, dans l'année, il y avait eu près de quarante avortements chez ce même éleveur, auquel il faut rendre la justice que, tout en me racontant le but dans lequel il entretenait ses chèvres, il ne paraissait pas y ajouter grande foi.

Dans ce même établissement, je vis presque la moitié des vaches avoir des sétons au poitrail : c'est tout simplement un bout de grosse corde terminé par des nœuds et passé sous le sternum. Presque toutes les vaches ayant avorté en avaient un; mais je ne pus jamais obtenir d'autre explication, si ce n'est que c'était une mesure de précaution.

On ne paraissait rien faire à ces sétons, pas même les laver. On les laisse, dit-on, trois ou quatre mois.

Tous les éleveurs de durhams recherchent une épaule très-oblique pour favoriser l'élargissement de la poitrine, puis une bonne union de l'épaule avec l'encolure, point qui laisse souvent à désirer chez le durham, du moins me l'at-on dit, car ce fait ne m'avait pas frappé. J'ai vu, chez le dernier fermier cité, beaucoup de vaches durhams ayant des vessigons et paraissant peu d'aplomb sur leurs jambes de derrière. Il n'acceptait la consanguinité qu'après la troisième ou la quatrième génération.

Les vaches étaient couchées sur une litière de bruyère très-épaisse, faisant drainage, et recouverte de paille. Les lits m'ont paru un peu inclinés d'avant en arrière; peut-être cette disposition a-t-elle influé sur le nombre des avortements.

Chez un autre éleveur de durhams, n'ayant presque des animaux que dans le but des concours, toutes les bêtes étaient isolées dans des boxes assez chaudes, bien fermées, où elles étaient tranquilles et libres. Cet engraisseur attachait beaucoup d'importance à cette pratique. La plupart de ces boxes avaient de petites cours attenantes pour laisser promener les animaux dans les beaux jours. Cet éleveur, qui sait engraisser d'une façon hors ligne, disait bien que, lorsqu'on fait prendre trop d'embonpoint à un jeune animal, on nuit à sa croissance. Pour les sujets de concours, il ne craint pas de les engraisser autant qu'il le peut. Six semaines avant l'exposition, il les fait promener en main pendant quelques instants. J'ai vu chez lui les animaux de Durham destinés aux concours de reproduction; c'était admirable, et malgré cela presque hideux ; on n'apercevait que des carapaces énormes de graisse, devant lesquelles les muscles semblaient battre en retraite, surtout vers les cuisses. Ces carapaces s'étendaient jusque sur le *roast party* (les reins et le dos), et, si je n'eusse vu ces animaux que par devant, je n'aurais emporté que de l'admiration.

Toutes ces bêtes avaient devant elles, et à discrétion, un

mélange de tourteau de lin en morceaux, de la caroube, de
la farine de fève mêlée à celle d'avoine ; je crois qu'il y
avait aussi de la farine d'orge ; le tout était donné sec et
dans des boîtes en fonte pouvant se fermer. Cet engraisseur
n'a pu me dire ce qu'il préférait de la farine ou du tourteau,
parce qu'il les donne toujours réunis. Les animaux recevaient, en outre, un peu de trèfle sec, de l'eau pure
et extrêmement peu de turneps. Jamais ce fermier ne donnait de vert à ses bêtes de concours, de crainte de leur faire
grossir le ventre. En été, il remplaçait les turneps par des
betteraves conservées. Je ne sais pourquoi, mais tous les
éleveurs de ces pays considèrent la betterave donnée immédiatement après son arrachage comme malsaine. Ils s'accordent aussi à dire que c'est la racine qui donne le plus de
lait, comme le turneps de Suède est celle qui favorise le
plus l'engraissement.

CHAPITRE IX.

Vaches laitières.

L'industrie de la laiterie n'est réellement pratiquée, en Écosse, qu'aux environs des grandes villes et dans le comté d'Ayr. Chacun se suffit à soi-même.

En effet, on ne trouve que rarement cette classe de gens que nous appelons en France rentiers dans les petites villes, et qui ne s'occupent absolument à rien, si ce n'est à consommer; dans les grosses bourgades, les maisons ne sont pas serrées les unes auprès des autres, mais espacées sur une longue échelle; aussi est-il très-rare qu'un commerçant ou fonctionnaire ne soit pas plus ou moins fermier ou cultivateur.

Tous les médecins, banquiers, maîtres d'école que j'ai connus dans le nord de l'Écosse étaient fermiers.

Toutes les opérations de la culture sont tellement simplifiées et bien organisées dans ce pays, que ce n'est nullement un embarras. On ajoute une petite ou une grande ferme à son commerce, comme, en France, on joint un débit de tabac à une boutique d'épicerie.

C'est surtout dans les familles nombreuses où cela se

pratique. Le plus petit particulier aura au moins 3 hectares attenants à sa maisonnette, qu'il affermera, car presque tout appartient aux lords ; je vais essayer d'analyser le tracas et les avantages qu'il en retirera.

Comme bétail, il entretiendra 2 vaches, souvent 1 poney et 2 ou 3 moutons. En suivant l'assolement du pays, il aura toujours 1^h,50 en pâturage. Depuis le 15 mai jusqu'au 1er novembre, ses vaches resteront à la pâture sans aucun gardien et ne réclameront d'autres soins que celui de la traite. Quelques personnes les rentrent la nuit, à cause du fumier et du froid, mais ce n'est pas général. Le poney ne donne pas plus d'embarras ; on va le chercher à la pâture quand on en a besoin.

Il y aura 50 ares ensemencés en avoine ; ce travail est l'affaire de moins de deux journées d'un homme et de deux chevaux.

Pour l'orge, c'est exactement la même chose ; seulement, comme elle vient après les turneps, si vous avez un très-bon laboureur, en se forçant un peu il pourra faire tout le travail dans une seule journée, labour, semaille à la volée et hersage croisé sur 50 ares. Mais il ne faut pas perdre de vue qu'après les turneps la terre est très-meuble et qu'il s'agit d'un sol granitique. Pour la récolte, en comptant le fauchage, l'enjavelage, le liage, la mise en dizeaux et le râtelage, il ne faut que deux journées d'homme et deux de femme, soit quatre journées, cinq au plus pour l'orge et l'avoine réunies.

Les turneps sont ce qui donne le plus d'embarras ; il faut un labour de déchaumage sur l'avoine, quelquefois on en donne un second ; mais, le plus souvent, la simple ouverture des raies pour la mise du fumier et son enfouissage en billons de 0,75 suffisent. Total, deux journées pour l'exécution de ces labours. Si l'on a un poney, il aura pu faire la rentrée de l'orge et de l'avoine, et conduire le fumier. La semaille avec un semoir demande un temps insignifiant. Pour l'éclaircie des turneps et le repassage, on doit compter six journées de femme pour ces 50 ares, et, en plus, une journée destinée à l'épandage du fumier.

Le battage de la récolte des céréales est une affaire de complaisance de la part des fermiers voisins ; ils ont presque tous des machines mues par l'eau.

Ainsi donc, pour cinq journées, six au plus, d'un homme et de deux chevaux, trois journées d'homme et neuf journées de femme, on obtient les produits provenant de 1^h,50 et l'on peut compter 15 hectol. d'orge, 20,000 kilog. de turneps, 20 hectol. d'avoine et plus.

Les turneps se prennent, en hiver, dans le champ, à mesure des besoins. On voit que c'est un grand bien-être que l'on peut se donner pour peu de soins.

Ces chiffres sont pris en moyenne approximative, mais, si je publie les cultures, ceux que j'indiquerai seront tous basés sur des faits observés et notés avec le soin le plus minutieux.

Les terres, en général, touchent aux habitations, et c'est cette petite maisonnette de l'homme aisé, à laquelle se trouvent joints les deux vaches et le poney, qui constitue le véritable cottage.

Quelques vaches angus de commerce sont bonnes laitières, cependant on leur préfère les vaches d'Ayr. Entre Glascow et cette dernière ville, on est réellement étonné de voir la conformation changer aussi brusquement. En voyant ces petites vaches avec leur pis si saillant, si bien dessiné, il est impossible que les moins connaisseurs ne disent pas : « Voici des vaches qui doivent être bonnes laitières. »

Elles le sont aussi, mais souvent elles ont encore plus d'apparence qu'elles ne sont bonnes en réalité ; leur pis charnu est un peu trompeur. Pour pouvoir donner des chiffres exacts, il eût fallu suivre une vacherie pendant un an, car on ne peut guère se fier à ceux que l'on fournit à un étranger. Du reste, c'est comme en France, les fermiers se rendent rarement bien compte.

J'ai assisté à un concours d'animaux d'Ayr, près de Glascow, dans une grosse bourgade. J'y ai vu donner tous les premiers prix à des taureaux à poitrine étroite, mais haute, et rejeter un taureau l'ayant ouverte et la côte ronde, enfin ayant un devant de durham ; cependant il s'agissait de taureaux de trois ans, qui ne devaient plus changer. J'ai retrouvé cette même conformation des animaux primés sur presque tous les taureaux que l'on m'indiquait comme bons dans le pays.

Dans ce comté, comme partout, les bonnes laitières sont presque toujours maigres ; les marchands, auprès d'Aberdeen, qui les recherchent veulent une tête à mufle et à chanfrein carrés, de l'étroitesse de poitrine, un volumineux train de derrière, et surtout les quatre trayons bien espacés et formant le carré. Ils regardent bien les veines, mais y apportent seulement une médiocre attention, et cependant, quand elles sont très-ondulées près du pis, se bifurquant même, gonflées et grosses, il est rare que les vaches ne soient pas bonnes.

Nulle part je n'ai trouvé personne faisant attention aux épis ou sachant ce que c'était.

J'ai visité avec détail une des grandes laiteries d'Édimbourg, il s'y trouvait 52 vaches ; beaucoup m'ont paru croisées durham. Le laitier les achète tout simplement sur le marché, les garde aussi longtemps qu'elles donnent du lait, puis les engraisse et les vend au boucher.

Longtemps, m'a-t-on dit, dans le nord de l'Écosse, l'on a castré les vaches, mais ce n'est plus guère pratiqué. Avant de les engraisser, on les fait généralement saillir; comme en France, l'on dit qu'elles engraissent mieux, mais que, si la gestation est avancée, la viande a moins de qualité.

Les laitiers engraissent les vaches sans les avoir fait saillir; celui d'Édimbourg, dont je parle, les renouvelait tous les huit ou dix mois; j'ai fort insisté pour qu'il m'indiquât à quoi il s'attachait dans le choix des bêtes qu'il achetait. Voici ce qu'il m'a dit :

1° Il rejette sur un marché les vaches laitières trop maigres, parce qu'il redoute la maladie (la phthisie, sans doute). Il ne faut pas oublier que les vaches achetées par ces laitiers sont toutes fraîches vêlées, et par conséquent n'ont pas eu le temps de maigrir; ceci ne peut donc faire aucun tort à l'observation que les vaches très-bonnes laitières sont généralement maigres. 2° Ce laitier regarde beaucoup à l'écartement des trayons et à la bonne conformation du pis, et, m'a-t-il ajouté, « lorsque vous trouverez une vache dont le pis s'avance beaucoup sous le ventre, achetez en toute tranquillité. » Ces deux dernières recommandations m'ont été faites encore depuis par des gens tout à fait pratiques, et j'ai tout lieu de croire que l'observation est parfaitement juste, ainsi que la dernière que me fit mon laitier, en me recommandant de chercher des vaches très-ouvertes dans la partie périnéenne, à l'endroit où la mamelle commence, et même avant. Il considère tous les autres signes, mais y fait peu d'attention.

Ce laitier vend le lait 55 c. le litre, et la crème 1 fr. 20 c. les $0^l,56$ ou pinte anglaise. Les Écossais en font une énorme consommation pour leur thé; le lait écrémé est ensuite vendu aux ouvriers, qui le consomment avec leur galette d'avoine.

Dans la grande force du lait, il m'a dit que ses vaches donnaient, en moyenne, 20 litres chacune, mais ce sont de fortes vaches croisées, généralement de 400 à 500 kilog.

Dans deux grands établissements de vaches d'Ayr, et dans le pays même, l'on m'a assuré que, dans la force du lait, chaque vache ne dépassait pas 12 litres, et je suis tout porté à le croire.

Les vaches appartenant aux laitiers sont nourries à discrétion en hiver ; celles d'Édimbourg, que j'ai déjà citées, recevaient tiède une soupe aux turneps, à laquelle on avait mélangé de la farine de lin lorsqu'elle était encore bouillante ; je crois qu'on y ajoute quelque peu de balles de froment. On distribue aussi des turneps crus, et, séparément, de la drêche fraîche provenant de la brasserie ; l'on donne ces deux derniers aliments à discrétion.

Lorsque la drêche commence à aigrir, ce qui arrive au bout de deux jours, c'est-à-dire souvent le lundi, on y ajoute du son bouillant ; la drêche est toujours donnée légèrement détrempée.

On donne à boire de l'eau pure une fois par jour. En été, on supprime aux vaches la soupe et les turneps, qu'on remplace par le ray-grass italien ou de l'herbe naturelle provenant des fameuses prairies arrosées par les eaux d'Édimbourg, qu'on coupe ordinairement cinq fois et qu'on loue aux enchères et annuellement jusqu'à 2,000 fr., jamais moins de 1,200 fr. l'hectare.

Le laitier déjà cité me disait que 40 ares de ces prairies lui nourrissaient, à chaque coupe, ses 52 vaches pendant six jours ; chaque hectare, dans l'année, lui produisait donc 3,840 rations supplémentaires, car l'on donne toujours beaucoup de drêche.

Nourries comme elles l'étaient, toutes les bêtes de ce laitier étaient grasses au point que, lorsque le lait tarissait, on pouvait les mener au boucher.

Il employait très-peu de litière, et vendait son fumier

7 fr. 20 c. les 1,000 kilog. Il ne me l'a pas dit, mais je ne doute pas qu'il ne donne un peu de paille à manger à ses vaches en hiver, peut-être 2 ou 5 kilog.

Les vases dans lesquels ce laitier conservait le lait étaient en fonte étamée ou en fer-blanc. Il rejette le zinc comme malsain, et préfère de beaucoup les vases en fonte; le lait s'y conserve mieux. Chaque vaisseau coûte 4 fr.; ils ont 8 centimètres de profondeur sur 40 centimètres de diamètre.

Dans le comté d'Ayr, j'ai visité les anciennes fermes de Meyer-Mell et Cuning-Parc, qui ont été si célèbres; comme instruction, elles sont toujours très-intéressantes à visiter.

Les vaches, dans ce pays, sont, en été, exclusivement nourries dans des pâturages formés de trèfle blanc et de ray-grass anglais. Dans les quelques fermes où l'on a pu établir l'épandage de l'engrais liquide au moyen de la gravitation seule, les vaches ne sortent pas de l'étable et reçoivent à discrétion du ray-grass d'Italie, mais ce sont des exceptions.

Quelques fermiers des environs d'Ayr, qui, entretenant beaucoup de vaches laitières, sont très-partisans de la nourriture bouillie, donnent, en hiver, une soupe de betteraves ou de turneps, où l'on mêle des balles et ordinairement un peu de tourteau avant de retirer du feu.

Un fermier donnait à ses vaches laitières 36 litres environ de résidus d'une distillerie de grain, 35 kilog. de turneps, 1 kilog. de tourteau; les turneps étaient déchirés littéralement par un cylindre garni de petites lames formant presque râpe, on les mélangeait ensuite à des balles et à de la paille coupée.

Généralement, l'on fait saillir les génisses d'Ayr à un an.

Dans tout ce comté, on fabrique un fromage estimé et qui est dur comme tous ceux d'Angleterre.

On met la présure dans le lait pur, on ne le chauffe pas; une heure après, il est pris, on le brise, on le met à égoutter, puis dans un moule garni d'un linge mouillé d'eau salée, et, dans la soirée, on le met sous presse, où on le laisse deux jours. La presse est ordinairement un bloc de granit qui se descend progressivement à l'aide d'une vis. Lorsque le fromage sort de dessous la presse, on le met au frais, et au bout d'un mois il est souvent bon à être livré au commerce.

CHAPITRE X.

Maladies.

De la météorisation. — Du piétin chez le bœuf et des soins qu'on y
apporte en Écosse. — Purgation, saignée, etc.

La météorisation est extrêmement fréquente lorsque les
bœufs sont engraissés aux turneps; j'ai vu, surtout par des
temps secs, des jours où l'on comptait 5 cas pour 100 bœufs;
c'étaient presque toujours les mêmes.

Pourvu que la météorisation causée par les turneps soit
prise à temps, elle est rarement mortelle; sur 400 bœufs,
je n'en ai pas vu perdre un seul, quoiqu'il n'y eût pas de
jours, dans les commencements des turneps surtout, où il
n'y eût quelque cas dans l'une des trois fermes.

Le plus souvent c'est vers le milieu du repas que la météorisation se déclare, et c'est principalement à cause d'elle
que la revue du chef bouvier est si indispensable lorsque le
pansage est terminé.

Sitôt que l'on s'aperçoit qu'un bœuf commence à gonfler,
on ne lui retire même pas ses turneps qu'il continue de
manger, mais on va chercher une gerbe d'avoine pesant

de 4 à 5 kilogr.; si l'animal se sent assez malade pour cesser de manger ses turneps, il faut qu'il le soit beaucoup pour ne pas toucher à l'avoine. La plupart du temps, la gerbée suffit; le bœuf mâchonne et les gaz s'échappent. Si le gonflement continue, et il faut surveiller, car la maladie marche vite, l'on va chercher de l'essence de térébenthine dont on est toujours pourvu dans les fermes; l'on en met environ un demi-verre dans une bouteille; si, en faisant avaler, l'animal vient à tousser, il faut immédiatement arrêter, c'est un signe que la térébenthine a pénétré dans la trachée, et, si elle y entrait en grande quantité, elle pourrait causer une inflammation grave.

On passe ensuite un lien de paille dans la bouche de l'animal et on le fixe sur le sommet de sa tête pour le forcer à mâchonner. Si le gonflement continue toujours, on tient le trocart prêt; mais on attend à la dernière extrémité pour percer le flanc. J'ai vu bien des fois préparer l'instrument, mais jamais on ne s'en est servi; c'est seulement lorsque l'animal est près de tomber et d'étouffer que l'on doit en faire usage. Il vaut mieux donner une deuxième fois de la térébenthine; cependant on doit en être sobre, parce qu'à la longue elle détériore l'estomac. Tandis que le flanc droit n'est pas trop dur et que l'animal mange, il n'y a pas de danger: sitôt qu'il commence à se vider, c'est l'annonce d'un mieux prochain; lorsque les gaz se font entendre, on est à peu près certain qu'il n'y a plus de danger. Les flancs se détendent peu à peu, et, une demi-heure après, tous les symptômes ont disparu. Il est bon cependant de laisser l'animal à une demi-diète pendant un ou deux jours, surtout de donner peu de turneps; l'on remplace alors par du foin ou par une gerbe d'avoine pour les animaux d'engrais. Lorsqu'un bœuf se météorise fréquemment, une bouteille d'huile de lin suffit souvent pour lui remettre l'estomac. J'ai noté particulièrement trois cas de météorisation.

Un bœuf s'empauma avec un turneps, il ne pouvait presque plus respirer, la météorisation a suivi de près : elle a menacé si fort, les flancs étaient tellement tendus que l'on avait le trocart à la main ; l'on a donné la térébenthine, le bœuf s'est désempaumé seul, et, un quart d'heure après, il était mieux.

M. Mac-Combie n'aimait pas l'emploi de la sonde pour l'empaumage.

Le 4 novembre, j'ai vu deux bêtes météorisées une demi-heure après le repas. Le premier bœuf avait les flancs moyennement durs, quoique très-enflés ; il piétinait et avait cessé de manger ; on lui a fait avaler de la térébenthine et passer une corde de paille dans la bouche ; la gêne que ce lien lui occasionna aux commissures des lèvres le fit mâchonner. Après dix minutes, il était mieux.

Le deuxième bœuf, tout en ayant le flanc très-dur, paraissait peu enflé ; le côté droit fléchissait toujours, l'animal piétinait, mangeait encore un peu d'avoine ; on ne lui donna pas autre chose, et, au bout de quelques instants, les évacuations commencèrent.

LE PIÉTIN.

J'ai vu ici beaucoup d'animaux attaqués par les pieds, surtout des vaches et les bœufs de travail. Sitôt qu'on voit un animal boiter ou seulement feindre, la première chose à faire est de regarder à son aise le pied ou les pieds attaqués ; on attache l'animal ; on lui passe une corde au-dessus du jarret ; on met entre la corde et la peau quelques tampons de paille, puis l'autre bout étant passé par-dessus une barre placée sur deux ou trois traverses de la charpente écossaise, deux hommes la tirent et la fixent lorsque le pied est suffisamment élevé; l'un deux, alors, maintient le pied, et l'autre fait le chirurgien.

On a trouvé quelquefois des pierres dans les pieds, mais le plus souvent c'étaient des ulcères, sous la sole et au talon, qui détachaient la corne et avaient la plus entière ressemblance avec le piétin de mouton. On enlève d'abord toute la partie de la corne qui est décollée; on lave à l'eau fraîche, et, si le pied est très-malade, on cautérise à la pierre infernale. En tous les cas on applique une pommade composée de térébenthine et de lard fondu sur de la filasse. Cette filasse, à laquelle on ajoute une bande de toile pour la fixer, s'adapte très-bien sur le pied. On détache alors la bête et tout est fini. On laisse l'animal à l'écurie, le pied au sec autant que possible; il faut, en général, de huit jours à trois semaines pour arriver à parfaite guérison.

On renouvelle ce pansement tous les deux ou trois jours; si la maladie ne cède pas ou paraît s'aggraver, on enveloppe tout le pied d'un cataplasme de farine de lin; quelquefois on commence par là avant tout autre traitement.

Voici comment j'ai vu soigner et purger deux des vaches les plus précieuses de M. Mac-Combie :

Elles n'avaient plus que deux ou trois jours avant d'être à terme; c'était dans le seul but d'éviter la fièvre vitulaire (1), qui occasionne ici une mortalité assez considérable.

Le matin on donna des turneps, comme à l'ordinaire, à sept heures, et à huit heures et demie on saigna.

______

(1) Voir, dans le *Manuel de l'éleveur de bêtes à cornes*, par F. Villeroy, une excellente description de la fièvre vitulaire (chez les femmes, fièvre puerpérale), qui est tout autre chose que la fièvre de lait.

A neuf heures on apporta la purgation. M. Mac-Combie m'assura qu'il était inutile que l'animal fût à jeun. Le purgatif était composé de 0,350 à 0,450 grammes de sel de *Glauber* et de 0,050 à 0,080 centigrammes de ginger poder; c'est, je crois, le gingembre; c'était une poudre jaune fortement odorante.

On délaya le tout dans de l'eau chaude et on en ajouta ensuite de froide, jusqu'à ce que l'on eût atteint une quantité totale de 2 ou 3 litres. On versa ensuite la purgation dans une bouteille en métal à long goulot; on leva la tête de l'animal moyennement, on introduisit le goulot, puis on le fit aller et venir. Si l'animal veut tousser, il faut arrêter immédiatement. Je vis la médecine commencer à opérer sur ces deux vaches au bout de quatre heures.

DES POUX.

J'ai vu des bœufs couverts de poux, principalement dans les vieilles étables qu'on ne pouvait tenir propres; c'est surtout au train de derrière qu'on les rencontre; souvent on les fait passer en frictionnant avec une eau dont je ne connais pas la composition; mais, plus souvent, on s'en débarrasse de la manière suivante, lorsque le poil est long:

Un homme suffit; cependant il vaut mieux qu'ils soient deux. On entoure un bâtonnet d'étoupes; l'on prépare un bon bouchon de paille, une assiette pleine de térébenthine et une lumière. On trempe le bâtonnet dans la térébenthine, on l'allume et l'on frotte les parties à brûler. Si le feu se prolonge trop sur l'animal, alors on éteint avec le bouchon de paille; mais j'ai vu quelquefois la croupe d'un bœuf tout en feu pour quelques secondes, sans que l'animal s'en émût aucunement.

SAIGNÉE.

C'est une grande faute que de saigner un bœuf au milieu de ses semblables ; à la suite d'une saignée faite dans une cour où quatorze bœufs étaient à l'engrais, ils n'ont fait que beugler, courir, se battre pendant plus de trois heures, c'était effrayant.

SEL GEMME.

J'ai vu des fermes en Angleterre où tous les bœufs avaient des blocs de sel gemme à leur disposition ; on paraissait se louer extrêmement de cette mesure.

En Écosse on n'en fait point usage, et je ne l'ai vu remplacé par rien. Les fermiers anglais m'ont dit qu'ils trouvaient que le sel avait un effet salutaire sur la santé de leurs bestiaux ; son emploi était tonique et favorisait la digestion.

CHAPITRE XI.

Étables et litière.

Je n'ai point de description d'étables bien luxueuses à donner. J'en ai rencontré peu, et, du reste, je me suis attaché à voir et à remarquer surtout celles me paraissant les plus simples, les plus économiques et les plus commodes. J'étais d'autant mieux favorisé dans mon goût qu'il n'y a pas d'endroits où l'on cherche plus à simplifier les bâtiments que dans le nord de l'Écosse. Dans le sud il y a plus de recherche, sans qu'on puisse ordinairement y trouver du luxe (1).

Une bonne étable doit, il me semble, présenter au plus haut point 1° la facilité de surveillance à tous les instants ; 2° de la simplicité et une grande commodité dans le service ; 3° facilité d'écoulement des urines, ou leur entière absorption, si on en a les moyens, et enlèvement économique du fumier ; 4° aération puissante pouvant se régler ainsi que la lumière. L'économie doit présider à toutes ces conditions.

La facilité de surveillance. — Je n'ai pas besoin d'insister,

(1) On pourra consulter, pour la disposition des étables, le *Traité des constructions rurales*, par L. Bouchard. 3 vol. grand in-8°, avec figures dans le texte et 150 planches.

tout le monde en comprendra l'importance, et ceux qui voudront engraisser la comprendront encore bien mieux lorsqu'ils auront commencé.

Si un fermier a une vingtaine de bœufs à l'engrais et qu'il ne les soigne pas journellement lui-même, s'il ne peut voir la crèche sans entrer dans chaque stalle, le bouvier sera libre de faire comme il l'entendra, et il est rare que ce ne soit pas sans inconvénient.

Une grande commodité facilitant un service rapide. — Lorsque la disposition de l'étable ne permet pas au bouvier de vider directement le contenu de sa brouette dans la crèche, c'est une faute ; la distribution du fourrage dure plus longtemps, les animaux s'agitent beaucoup pendant tout ce temps.

Voici les dimensions d'une étable à bœufs récemment construite à Tillyfour : elle est considérée comme très-bonne. Mais M. Mac-Combie promet bien de ne plus y être pris, elle a coûté trop cher. Quoiqu'il ne soit qu'un simple fermier, il était en droit de tenir ce langage, parce que, dans le nord de l'Ecosse, lorsqu'une ferme manque de bâtiments, le fermier, après avoir obtenu le consentement du propriétaire, les fait construire à ses propres frais ; mais, à l'expiration du bail, qui est, en général, de vingt et un ans, le propriétaire fait estimer la valeur des bâtiments et la rembourse au fermier. Leur mauvais état est pris en considération dans le prix de la ferme. Très-souvent un fermier entrant dit au propriétaire. Je prends votre ferme comme elle est à tel prix, et à tel autre, si vous me faites des étables.

M. Mac-Combie, étant fermier de son frère, avait fait les choses comme un propriétaire, et c'est comme propriétaire qu'il semble regretter l'argent qu'il y a mis.

Cette étable était disposée dans le but de recevoir vingt bœufs de 800 à 1,000 kilog. : ils y étaient très à leur aise.

	Mètres.
Largeur totale du bâtiment, murs compris. . .	6.47
Largeur pour deux bœufs (bois d'une stalle compris, 0.03)	2.40
Muraille.	0.55
Passage derrière.	1.47
Ruisseau.	0.17
Drainage briqueté.	1.28
Pavage ordinaire.	0.70
Bords de la crèche (deux).	0.16
Crèche (largeur).	0.48
Profondeur, 0.30.	»
Hauteur de terre, 0.38.	»
Passage devant.	1.11
Mur.	0.55
	6.47
Les piliers soutenant la stalle ont, en circonférence.	0.57
La stalle commence avec la crèche et a une longueur de.	1.70

Les proportions de cette étable étaient bonnes ; les bœufs y étaient extrêmement à l'aise, l'on eût pu réduire sur les passages.

Il n'y avait pas de plancher, mais bien le toit immédiatement.

Le système de charpente employé est très-bon, très-simple et très-solide. Il consiste en une suite de planches réunies deux à deux par une traverse. C'est le seul mode employé en Écosse.

Comme l'ardoise ne repose que sur quelques lattes espacées, l'étable avait une grande disposition à être très-froide, lorsqu'elle n'était pas au moins à moitié pleine de bœufs.

C'est là où, pour la première fois, j'ai vu employer des

briques creuses d'une certaine forme comme pavage. Elles sont excellentes lorsqu'on veut apporter un peu de soin à leur entretien, et l'on économise près du tiers de la litière.

Pour être utile, voici les conditions de réussite du pavage : 1° les briques doivent être parfaitement posées et ajustées les unes aux autres ; 2° pour des bœufs, le pavage doit être prolongé dans la stalle sur une profondeur de 1^m,20 ; s'il est destiné à des vaches, 80 centimètres doivent suffire ; 3° la partie antérieure où posent les pieds de devant ne doit pas être briquetée, c'est trop glissant, mais bien pavée avec de petites pierres et bétonnée ; 4° il doit à peine y avoir 1 centimètre de pente et seulement dans la partie briquetée ; un nivellement est très-important. Dans une expérience de huit jours, sur deux bœufs à l'engrais, je n'ai eu qu'un résultat peu satisfaisant. Ils étaient placés sur un briquetage si incliné, que, le matin, il n'y avait jamais de litière sous eux ; en se relevant, ils la repoussaient. C'est ce qui m'a forcé d'enlever le fumier tous les jours, au lieu de le laisser comme je l'avais vu faire avec beaucoup d'avantage dans une ferme voisine ; on n'enlevait exactement que le plus gros ; la besogne allait très-vite, et il fallait extrêmement peu de paille ; les animaux étaient au sec et parfaitement couchés. Le fumier du dessous n'étant pas remué, les rainures des briques-drainage ne se bouchaient pas, et la rigole où elles écoulaient leur produit étant recouverte d'une planche, elles fonctionnaient comme un véritable drainage. Lorsque les canaux sont obstrués, on passe dans toutes les rainures avec un petit instrument en fer ayant forme de tire-bouchon ou semblable à celui dont se servent les gens chargés de nettoyer les rigoles traversant les trottoirs de Paris et se rendant des bornes-fontaines au ruisseau de la rue. Du reste, ces rigoles elles-mêmes sont ce qui peut le mieux donner une idée du pavage-drainage.

Le fumier enlevé, le nettoyage va extrêmement vite; il faut environ deux à trois minutes par stalle.

Lorsqu'on achète la litière et que ce briquetage est bien installé, je ne doute pas qu'il ne paye largement ses frais d'établissement: le fumier est, de plus, sans cesse arrosé ; on l'a beaucoup meilleur et l'arrosement empêche la fermentation.

Mes deux bœufs à l'engrais pesaient de 7 à 800 kilog. La moyenne de la semaine s'est élevée, par jour et par tête, à 4 kilog. de dépense en litière : ils suffisent, mais sont nécessaires. C'était de la paille d'orge très-sèche.

Dans une étable de pur sang durham, je vis, sur un pavé ordinaire, une énorme couche de bruyère; elle avait été mise à la rentrée des animaux en octobre. Un tombereau, m'a-t-on dit, avait à peine suffi pour 3 vaches.

La bruyère employée était l'*Erica vulgaris*. Mais, parvenue à l'état de géante, elle avait bien formé drainage, et l'on avait dû dépenser moins de litière. Tous les jours, on enlevait le plus gros du fumier; l'usage de cette ferme était de laisser cette bruyère six mois sous les animaux, puis de la brûler.

Il me semble qu'en formant d'abord un sol avec la brique-drainage, en fixant à volonté un petit madrier à son bord, et emplissant l'encadrement de bruyère, on devrait remplir très-économiquement et complétement le but que l'on se propose. Le madrier retiendrait la bruyère. Celle-ci ferait comme tamis, laisserait mieux traverser les urines, tout en empêchant l'engorgement des briques. Je suis persuadé qu'en agissant ainsi il faudrait fort peu de paille pour entretenir les vaches propres et les coucher parfaitement.

Dans une étable attenante à celle où j'avais fait l'expérience de litière nécessaire à mes deux bœufs sur la brique-drainage, se trouvaient 15 bœufs aussi à l'engrais. L'étable était très-humide et très-incommode : dans vingt-quatre heures, on leur a donné 6 kilog. de paille d'avoine à manger par tête; ils en ont bien laissé 1 kilog. qui, ajouté à 6 autres kilogrammes en moyenne, égale 7 kilogrammes de litière par tête, et le bouvier était cependant fort soigneux.

La dépense la moins considérable de litière sur laquelle on puisse compter pour un bœuf à l'engrais en stalle et dans les meilleures conditions est de 4 kilog. La quantité employée le plus usuellement est entre 6 et 7 kilogrammes.

Pour les bœufs en box ou sous les hangars avec cours, on ne peut les tenir propres à moins de 10 kilogr. par jour.

A des veaux de 8 mois tenus sur des planches, $2^k,50$ de litière par tête suffisent.

Je n'ai pas de notes assez exactes pour donner des chiffres sur la production du fumier.

MODES D'AÉRATION.

Les principaux modes d'aération employés sont : 1° des cheminées d'appel se fermant par deux planchettes qu'on lève ou qu'on abaisse au moyen d'une ficelle;

2° Les barbacanes, ayant 50 centimètres de largeur à leur débouché dans l'étable, et 6 centimètres d'ouverture extérieurement. Lorsque les bêtes ont la tête au mur, on place les barbacanes environ à $1^m,50$ du sol et entre deux stalles autant que possible, de façon à ce que l'air ne frappe pas directement les animaux; de simples trous ronds dans le mur d'un diamètre de 5 centimètres ventilent parfaitement et sont très-faciles à boucher.

3° Un très-bon mode d'aération est cette espèce de persiennes mobiles formées d'une réunion de petites planchettes se superposant les unes au-dessus des autres, et qui, à l'aide d'un simple montant, peuvent être ouvertes, fermées ou entr'ouvertes.

Le plus ordinairement, voici comment les étables communes du nord de l'Ecosse sont disposées :

Les dimensions que je vais donner ont été prises dans une étable où elles m'ont paru parfaitement bonnes.

La crèche était appuyée au mur; il y avait au-dessus un râtelier.

La largeur totale de l'étable, qui était grandement suffisante pour des bœufs, était de 4^m,55 de dedans en dedans. Les murs avaient, je crois, 45 centimètres. La crèche et le pavage occupaient une longueur de 2^m,65; le ruisseau et passage, 1^m,70. En y ajoutant 90 centimètres pour les deux murs, on aurait, pour l'emplacement complet du bâtiment, 5^m,25.

Les bœufs sont réunis deux par stalles. Les stalles sont indispensables, à mon avis, parce que, ne donnant aux animaux que juste la place nécessaire, il suffirait que deux ou trois ne fussent pas couchés à leur place, pour empêcher cinq ou six bœufs de se reposer.

Les stalles, préparées pour des bœufs de 800 kilogr., n'avaient que 2^m,16 de large, y compris l'épaisseur de la stalle. La séparation partait du mur et son insertion avait 1^m,20 de hauteur, et à son extrémité seulement 1 mètre. Elle occupait une longueur totale de 1^m,78, ce qui était bien suffisant.

Les poteaux en pin d'Écosse dans lesquels sont engagées les planches des stalles, brûlés et coltardés, peuvent durer 19 ans; ils ont 43 centimètres de circonférence.

La barre d'attache, fixée dans la stalle, commence à 45 centimètres de terre et peut jouer de 40 centimètres; elle est en fer et a 55 millimètres de circonférence , ce qui est suffisant. Ce système est fort bon. Le même boulon tient deux barres d'attache.

La chaîne a 38 centimètres de longueur, tout compris,

et un bras du collier a de 50 à 55 centimètres. Lorsque la chaîne vient à écorcher l'encolure du bœuf qu'elle retient, on l'entoure de linge ou de paille ; on doit, autant que possible, le faire avant que la plaie soit au vif ; car elle est très-longue à guérir, surtout sur les bœufs gras.

La plate-forme sur laquelle se trouvaient les bœufs dans cette étable était, comme partout, élevée au-dessus du passage, qui est garanti à son tour de l'humidité par la rigole.

La place où l'on jetait le fumier était en contre-bas et presque à toucher la porte.

J'ai vu une autre étable très-simple. Chaque espace accordé par vache était de 1^m,10 de large : elles étaient deux par deux et n'avaient qu'une crèche. De simples barres inclinées au mur formaient la séparation.

3 mètres de long, la crèche non comprise, peuvent suffire à la rigueur pour des bœufs moyens à un seul rang dans une étable ; mais c'est trop peu de 40 centimètres environ.

Autre exemple : la crèche non comprise, 3^m,78 de long sont trop considérables pour un bœuf et le passage ; 3^m,60 doivent être au moins assez.

Autre exemple : dans une écurie double, les animaux étant *croupe à croupe,* une largeur totale de 6 mètres est la dernière limite pour des bœufs moyens.

Bien entendu, il n'y avait pas de râtelier. Crèche, 60 centimètres ; emplacement, 1^m,85 ; demi-*passage,* 55 centimèt. ; total, 3 mètres. On leur avait donné, par paire, 2^m,50 de large, mais c'était trop.

La largeur accordée dans les étables du chemin de fer, par bœuf, est de 77 centimètres ; mais ils ne peuvent se coucher. Le moins d'espace que l'on puisse donner en largeur pour des bœufs de 900 kilog. est de 1 mètre ; mais ils seraient trop serrés si leur séjour dans l'étable devait se prolonger.

La largeur de l'étable du chemin de fer à double rang avait 7^m,50 de dedans en dedans. C'est très-suffisant, l'on peut même retrancher 50 centimètres.

Une longueur de 2^m,25 et une largeur de 1^m,70 sont suffisantes pour deux veaux jusqu'à un an.

Une écurie remplie de vaches croisées, près de Linton (East-Lothian), avait, par stalle, une largeur de 2^m,09.

Voici maintenant trois descriptions d'étables destinées à des vaches d'Ayr, dont les urines étaient recueillies et envoyées sur les terres, d'après le système dit Kennedy, ou Huxtable dans d'autres endroits. La première, c'est Meyer-Mell, ferme de M. Kennedy lui-même.

Dans cette étable, les vaches étaient sur deux rangs, la tête tournée vers le mur; mais il y avait un chemin de ronde tout autour de l'étable où se trouvait un chemin de fer. Chaque emplacement pour vache était un bassin en pierre imitant la carapace d'une tortue renversée; à son milieu, se trouvait une petite grille de 30 centimètres carrés. Chaque vache avait à sa disposition une largeur de 90 centimètres et une longueur de 1^m,80 sans la crèche.

A Cuning-Parc, près Ayr, on n'employait pas de litière pour les vaches : elles étaient sur un plan élevé recouvert d'un gros paillasson servant pour deux bêtes.

Là encore la place de chaque vache n'était que de 90 centimètres de large sur 1^m,85 de long.

Les crèches étaient en pierre et avaient 45 centimètres de large. Là, comme à Meyer-Mell, les urines tombaient dans un grand canal couvert qui les entraînait dans des citernes, d'où, à l'aide d'une pompe, elles étaient refoulées dans des tuyaux souterrains.

D'après ce qu'on m'a dit à Meyer-Mell même, il ne serait pas exact que M. Kennedy eût jamais fait hacher sa paille pour ensuite la mélanger aux urines et aux excréments, et répandre le tout au moyen de la pompe. J'ai d'autant moins de peine à le croire, que je vois presque une impossibilité complète à l'exécution de cette pratique.

Comment admettre, en effet, que cette paille hachée pût passer par les tuyaux en fonte et par le tube de gutta-percha sans que les tubes ne se trouvassent presque à chaque instant obstrués. On se contentait de délayer les matières solides dans les urines en y joignant beaucoup d'eau.

Dans une étable de vaches durhams, voici quelle était la disposition :

Les animaux avaient la tête au mur; il y avait deux rangs. La largeur de l'étable de dedans en dedans était de 7^m,50.

Les crèches et râteliers étaient ordinaires. Les barreaux des râteliers étaient en pin, équarris à vive arête et cloués aux barres de soutien, le bas en dehors et le haut en dedans; ils tenaient bien. La distance entre eux était de 55 millimètres.

La largeur totale des stalles pour deux bêtes était de 2^m,75. C'est beaucoup trop. Une bête peut presque se mettre de travers.

Pour les étables doubles avec les animaux ayant la croupe au mur et le passage au milieu, j'ai vu presque partout leur donner 11 mètres de dedans en dedans. Ceci doit cependant être considéré comme maximum de largeur, même pour des bœufs de premier ordre. Je pense que, dans la plupart des cas, 9 mètres pourraient suffire avec cette disposition; mais il ne faudrait pas descendre au-dessous. Sans aucun doute, lorsqu'on a beaucoup d'animaux, surtout de jeunes bêtes, il me semble que cette disposition est la plus avantageuse. Le grand obstacle, du moins je le crois, est le prix élevé auquel revient une construction à la charpente de laquelle l'on donne cette portée.

Très-souvent alors en Ecosse on juxtapose deux bâtiments à côté l'un de l'autre, et la toiture des deux côtés, correspondant au milieu de l'étable, repose sur une filière qui est soutenue, de 4 mètres en 4 mètres, par des piliers en fonte.

Je pense que, dans le cas d'écurie double avec passage au milieu, il est préférable que la stalle, si on l'adopte, ne soit pas prolongée jusqu'au-dessus de la crèche ; car, dans ce cas, le nettoyage en est beaucoup plus long et plus pénible.

Je pense qu'il vaut mieux laisser la crèche libre, de façon à ce que le bouvier y entrant par un bout, puisse, avec une grande pelle, nettoyer sans en sortir qu'à l'autre extrémité. Les animaux, étant attachés très-court, ne peuvent faire grand tort à leurs rations réciproques.

Je n'ai point voulu entreprendre d'indiquer le plan d'une étable modèle, tout varie avec les circonstances dans lesquelles on se trouve ; j'ai voulu seulement essayer de mettre chacun à peu près à même de se former un plan d'étable qu'il s'appropriera sans courir trop de risques d'employer des dimensions qu'il pourrait regretter par la suite.

Pour en finir avec les étables où les animaux sont attachés, je dirai que, jusqu'à un an, une stalle de $1^m,60$ de large peut servir à deux veaux ; qu'une longueur de plate-forme de $1^m,85$ et une largeur de 1 mètre suffisent pleinement à une vache de 300 kilog. et au-dessous. Pour les vaches au-dessus de 300 kilog. jusqu'à n'importe quel poids, $1^m,25$ est suffisant avec une plate-forme de $2^m,10$ au plus de long.

Les boxes à vaches de M. Mac-Combie, qui étaient de très-bonnes dimensions, avaient une longueur de $3^m,60$ sur une largeur de $2^m,70$, non compris la crèche et le râtelier. La hauteur de la cloison en planche était de $1^m,50$.

Des bœufs de concours avaient des boxes séparées ; l'une,

la mieux proportionnée, avait 4^m,10 de large sur 4^m,40 de long. On eût pu retrancher 1 mètre sur la longueur, mais rien sur la largeur.

La litière était étendue sur 2^m,30 de large et 3^m,20 de long : il n'y avait rien à retrancher sur la largeur, peu sur la longueur.

Dans l'autre box, les proportions étaient moins bonnes ; le lit avait, en largeur, 2^m,10, c'est trop peu, et, en longueur, 3^m,45, c'est trop.

On ne laissait pas de paille mouillée sous les animaux ; on faisait la litière deux fois par jour ; par vingt-quatre heures et par animal, il fallait 20 kilog. de paille. Dans le premier cas, la surface du lit était de 7^m,36 ; dans le second, de 7^m,24 : ils étaient destinés à des bœufs de 1,200 kilogrammes.

L'écurie était humide, mais, malgré cela, dans des circonstances pareilles, je pense qu'il y a avantage à employer la brique-drainage ; car des animaux aussi lourds demandent à être parfaitement couchés et surtout au sec. La litière devient une dépense très-notable.

Dans les environs d'Ayr, j'ai vu beaucoup de bœufs de 2 ans en box : on les mettait en général trois par trois.

Une largeur de 2^m,50 sur une profondeur de 3^m,80 suffisait pour trois de ces bœufs qui pouvaient peser 500 kilog.

J'ai trouvé que, partout où l'assolement comportait trois années de prairie, le rapport entre le bétail entretenu et le nombre d'hectares était de 1^h,36, 1^h,30, 1^h,24 par tête adulte ; bien souvent c'était 1^h,50 : en tous les cas, la moyenne n'est pas au-dessous de 1^h,40.

Dans les endroits où l'on pouvait arroser à l'engrais liquide par la gravitation ou à l'aide de pompes, voici à quels résultats l'on parvenait :

A Meyer-Mell, le fermier qui a succédé à M. Kennedy a

continué l'irrigation à l'aide des purins seuls étendus d'eau; il suit, du reste, l'assolement du pays. Sur 112 hectares il entretient, m'a-t-il dit, cent dix bêtes à cornes et dix chevaux, ce qui équivaudrait à 91 ares par tête de bétail. On est toujours tenté de forcer et, d'après ce que j'ai pu voir, à moins de compter les veaux de lait, je crains qu'on ne m'ait exagéré. Malheureusement j'ai oublié de noter l'étendue en ray-grass arrosée, mais il n'y avait pas plus de 6 à 7 hectares.

Dans une autre ferme, près d'Ayr, le fermier arrosait 4 hectares de ray-grass italien, à l'aide de la gravitation.

Après chaque coupe, il ajoutait et répandait, comme tous les autres irrigateurs au purin, 200 kilog. de guano à l'hectare, et il certifiait que, pendant cinq mois de l'année, il pouvait entretenir seize bêtes bovines adultes avec un seul hectare arrosé. Je ne puis m'empêcher de croire que ce renseignement est de beaucoup exagéré. On ne peut compter que sur trois coupes complètes.

Cette même ferme était de 150 hectares; l'on y entretenait quatre-vingt-dix bêtes à cornes et neuf chevaux, ce qui donne 1ʰ,50 par tête de bétail.

On ne conservait, il est vrai, les prairies que deux ans. J'ai visité encore une autre ferme dans le même comté. On arrosait encore là au moyen de la gravitation. 4 hectares de ray-grass d'Italie étaient en plein rapport et de toute beauté; l'étendue de la ferme était de 82 hectares et, d'après ce que le fermier m'a assuré, il entretenait cent une têtes de gros bétail toute l'année.

Soit donc 81 ares par tête, c'est ce que j'ai rencontré de plus fort. On ne comptait pas les veaux de lait.

CONCLUSION.

J'espère que mes lecteurs voudront bien être indulgents; ce ne sont que des notes que j'ai voulu leur présenter. Bien des choses utiles manquent, sans aucun doute, les unes parce qu'elles m'ont paru trop simples, les autres parce qu'elles m'ont échappé.

Mais, si quelques personnes désiraient des explications, je me ferais un plaisir de les leur donner, autant que cela se trouverait dans la mesure de mes moyens.

Je n'ai qu'un but en publiant ces renseignements, c'est celui de faire connaître exactement ce qui se pratique chez les fermiers sérieux d'Écosse. Comme on peut le voir, les soins qu'ils ont de leurs bestiaux ne sont pas très-compliqués, et, après avoir étudié l'ensemble de leurs procédés de culture, je suis revenu avec la conviction que le secret de leurs succès est leur esprit calculateur et leur amour de la simplification.

Aussi je ne doute pas qu'on ne doive répéter à la plupart de nos cultivateurs français : Simplifiez, simplifiez, et vous serez bientôt sur la route du véritable progrès, celle qui mène aux bénéfices.

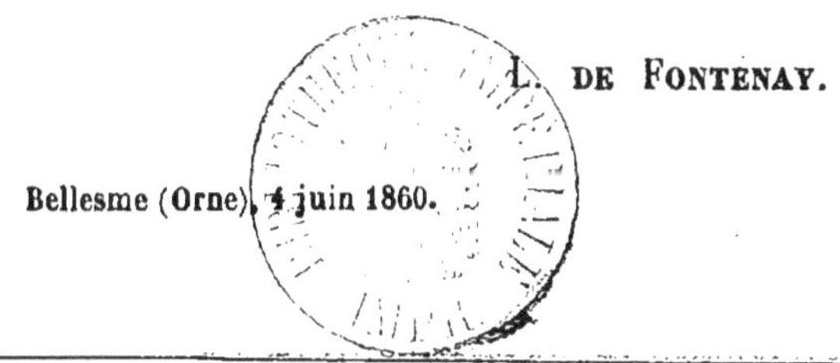

L. DE FONTENAY.

Bellesme (Orne), 4 juin 1860.

Paris. — Imprimerie de madame veuve Bouchard-Huzard, rue de l'Éperon, 5 — 1862.